荒尾美代

日本の砂糖近世史

土を使って白くする！製造の秘法を求めて

鎗鉢
人参糖
オブライア糖
阿留平糖
紫飴

八坂書房

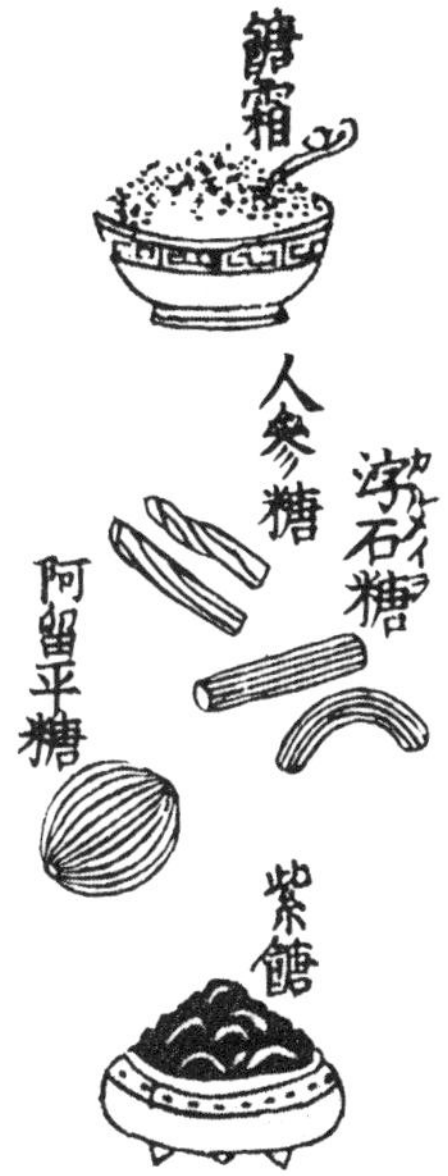

はじめに——土を使って砂糖を白くする！

どこの家庭でも必ずといっていいほど常備している砂糖。毎日のように口にしながら、いつからどのようにこれほどまでに日常的な食品になったかを調べていくとわからないことも多く、驚きのドラマもある。

私たちが口にする砂糖は、主にサトウキビ（甘蔗）、サトウダイコン（テンサイ）を原料として作られている。砂糖の主成分は、ショ糖という二糖類で、サトウキビとサトウダイコンに多く含まれている。

サトウキビは、亜熱帯地方で生育するイネ科の植物で原産地はニューギニア界隈といわれ、紀元前にアジア大陸に上陸したサトウキビは、北上しベトナムを経由して中国へ、他方、西のインドへと伝播したといわれている（サトウキビの品種によっては、インド原産とする見解もある）。

一方、サトウダイコンは、ヨーロッパ原産のアカザ科の二年草だ。サトウキビが地上へ生育する植物であるのに対して、地中で生育する根菜類である。サトウダイコンから砂糖が作られることが発見されたのは、十八世紀と遅く、日本へは、明治五年ころに渡来し、現在は北海道で栽培されている。原料植物としては、サトウキビに次いで重要で、北半球の冷温帯地域で栽培されている。

その砂糖は大きく分けて、大規模な製糖工場であるミルと、小規模な家内手工業による工房で作られている。

日本の製糖工場では、主に海外のサトウキビの栽培地で作られた精製する前の原料糖を輸入し、それを煮溶かした糖液を清浄し、再結晶させて精製糖を作っている。

私たちに身近なのは、一キログラム入りのビニール袋に入った料理に使う上白糖と、コーヒーや紅茶に入れる三グラムから五グラムくらいが小さなスティック状の紙で包装されたグラニュー糖だろう。グラニュー糖はほぼ純粋なショ糖の結晶でさらさらしていて、上白糖はしっとりしている。

一方、梅酒や果実酒に使う氷砂糖は、ショ糖の結晶を大きく成長させたものである。

では、日本人は、いつごろ砂糖と出合ったのだろうか。

砂糖というモノだけに限定すると、奈良時代、日本へ向けて、唐招提寺の開祖となった鑑真和上の第二回目の渡海の際に揚州で購入した携行目録に、「石蜜、蔗糖等、五百餘斤、蜂蜜十斛、甘蔗八十束」と見えている。残念ながらこの渡海は失敗に終わるので、この目録の品々が日本に渡った確証はないのであるが、遣唐使らが土産として日本へ持ち渡った可能性はある。

鑑真和上が六回目の渡海によって来日したのが天平勝寶六（七五四）年のことで、その二年後の天平勝寶八（七五六）年六月二十一日には、聖武太上天皇の七々忌に光明皇后が聖武天皇の御遺愛した品々と一緒に、薬物を正倉院に納めた。このときに六〇種の薬種を奉納しており、その目録である「種々薬帳」に「蔗糖　六斤六両　并　垸」の文字が見えている。この「蔗糖」は、「垸」という蓋付の土製の容器に入れられていたと考えられている。

さて、中国の元時代に記された、『日用本草』に、「『蔗糖』とはまだ乾いていないもので、『沙糖』は完全に乾いたもの」とあることから、「蔗糖」は蜜と一緒に固めた含蜜糖《がんみつとう》であったのではないか。あるいは結晶と蜜の混合物である白下糖《しろしたとう》のようなものではなかったか。「垸」という容器に入っていたことから、乾いてはおらず、ベトベトしていたのではないかと想像する。

十四世紀後半になると、『新礼往来《しんれいおうらい》』に「砂糖饅頭」、『庭訓往来《ていきんおうらい》』に「砂糖羊羹」という文字を見ることが出来る。いわゆる点心という軽食に砂糖が使われている。

日明貿易によって砂糖も運ばれたと考えられるが、貿易量が増すのは、十六世紀中ごろから、ポルトガル船の来日による影響が大きい。永禄十二年四月十三日に、織田信長は宮中へ砂糖の桶を二〇献上している。天正三年五月三日に武田は一桶、同年六月八日には土佐の一条家は二桶の砂糖を献上している。信長の二〇桶というのは、砂糖の献上する量も時の権力者らしいといえよう。

このように、砂糖は海を越えてやってきた。

日本は、江戸時代に大量の砂糖をアジアから輸入しており、江戸時代初期には為政者たちの食品であった砂糖が、後期には一部の庶民も口に出来るほど普及した。

また江戸時代中期から、砂糖の国産化を目指して研究がはじめられ、後期には国産化は軌道に乗っていたと思われるが、依然として輸入も行っていた。

輸入砂糖と当時の国産砂糖の違いなど、わかっていない点は多い。

過去のことを探る場合、文献史料と発掘された遺物資料が中心となる。江戸時代の古文書には、「並砂糖」や「臼砂糖」などの名称が出現するが、名称だけではどのような砂糖であったかがわからない。白かったのか、茶色かったのか、黒かったのか、塊なのか、サラサラしていたのか……。


サトウキビを原料とする黒砂糖と白砂糖の作り方の違いを簡単にいえば、黒砂糖は、サトウキビのジュースを煮つめて冷却して固化させる。一方、白砂糖は、サトウキビのジュースを煮つめて、冷やしながら結晶を析出させ、その結晶の周りに存在する黒色成分を含む蜜を取り除いて作る。ミルと呼ばれる現在の近代化工場での分蜜法は、遠心分離機で結晶の周りの黒い蜜を吹き飛ばす。遠心力で洗濯物の水分を飛ばす洗濯機の脱水機をイメージするといい。水分に当たるのが黒い蜜で、洗濯物がショ糖の結晶だ。

しかし、遠心分離機の発明は一八六四年、日本が明治維新を迎える四年前のこと。それ以前から白砂糖はあった。では、どのように分蜜して白くしていたのか？　ということになる。

そこで、砂糖の作り方が記されている内外の歴史資料を探し、大まかな概要をつかんだ。料理と同じで、作り方が記されていれば、おおよそのイメージがつく。いわば、砂糖製造のレシピを探したわけだ。

すると、びっくり仰天！　なんと、「覆土法《ふくどほう》」と称する、土を活用して白砂糖を作っていたのだった。しかも、現在伝統的な砂糖として、香川県と徳島県で作られている和三盆とは、製造法が違う。日本では土を使った製造法は現存していない。

ならば、他の国で行われていないかと着想して、海外でのフィールド調査に足を踏み入れた。本書では、日本が江戸時代に多くの砂糖を輸入していたベトナムを訪ねて採録した伝統的な砂糖製造法を紹介している。さらに、二〇一七年春にベトナムに再訪して、最新情報も所収している。

本稿は、二〇一二年から一四年にかけて独立行政法人 農畜産業振興機構が発行している『砂糖類情報』および『砂糖・でん粉情報』に連載した「内外の伝統的な砂糖製造法」と、二〇一七年に『砂糖類・でん粉情報』に掲載した「ベトナムの伝統的な砂糖生産」を主に編集したものである。それぞれの掲載号と掲載時のタイトルは巻末に記した。

日本の砂糖近世史【目次】

・本文中の引用文における〔 〕内は筆者による補いである。
・史料の掲載図版のうち所蔵先を記していないものは、筆者の所蔵である。
また、写真は特に断らない限り、筆者による撮影である。

第一部

日本の伝統的な砂糖を訪ねて

第一章　四国の和三盆

日本の伝統的な砂糖として挙げられ、高級菓子に使用されている和三盆。

現在作っているのは、香川県下では、ばいこう堂、三谷製糖、徳島県下では岡田製糖所、影山製糖所、服部製糖所、友江製糖所の六軒である。最後の仕上げ工程で伝統的な「研ぎ」という手技を継承していることに特色がある。ここでは、徳島県板野郡上坂町の岡田精糖所を紹介しよう。

◉阿波和三盆の歴史

現在の社長の岡田和廣氏の祖父である岡田廣一氏の『阿波和三盆糖考』（阿波和三盆糖製造工業組合、昭和二十二（一九四七）年発行）によると、徳島県下での和三盆製造地区である板野郡西部と阿波郡地方は、香川県下の讃岐和三盆の製造中心地である白鳥三本松津田地方と山一つ隔てているのみで、頻繁な交通と婚姻関係も多く結ばれており、徳島県の和三盆は、讃岐和三盆の影響を受けていると考えられている。

一方、後に阿波藩の糖業政策に従事する丸山徳彌という実在の人物が、日向国（現在の宮崎県）からサトウキビを伝えたという伝承もある。

丸山徳彌は、宝暦元年（一七五一）に徳島県板野郡松島村引野字熊之庄に生まれた。農業に従事していたが、サトウキビの栽培が有益であると旅人から聞いて、日向延岡に赴き、食料にすると偽ってサトウキビの茎を三本買い、帰国して家で試作した。三年後、栽培が成功し、再び延岡に行って、永住すると見せかけて、当時は国禁であった精糖法を目撃する機会を得て、自宅に戻り、試行錯誤しながら試作するに至ったという。

後に阿波藩主・蜂須賀候に認められ、甘蔗植弘の製作教訓方を命じられ、文化年間には、課税システムの目付役となり、在勤中は苗字帯刀を許された。

阿波国に砂糖製造の記録がみられるのは、文化二（一八〇五）年まで待たなければならない。その記録とは、砂糖製作の伝授は、一子相伝で他言してはならないという証文を丸山徳彌に提出させて行われたものである。このように、砂糖製作の秘法は、厳重に取り扱われていた。

◉和三盆の製造概要

では、現在の製法をお伝えしよう。

❶圧搾・加熱工程

原料となるサトウキビは、茎が細めの竹糖と呼ばれているものである。十二月に入って収穫を開始する。昭和二十四、五年までは、石のローラーを牛が回して、そのローラーの間にサトウキビの茎を挿し込んで圧搾していたが（図1・2）、現在では、「締場」と呼んでいるサトウキビを搾る場所で、サトウキビの茎をベルトコンベアーの上に乗せ、機械で自動的に圧搾している（写真1）。

圧搾したサトウキビのジュースは、隣の「釜場」と呼ばれる、煮詰め工程を行う場所にパイプで移し、まず、「荒釜」でアク抜きを行う。搾ったサトウキビのジュースには、アクが多く含まれている。そこで、

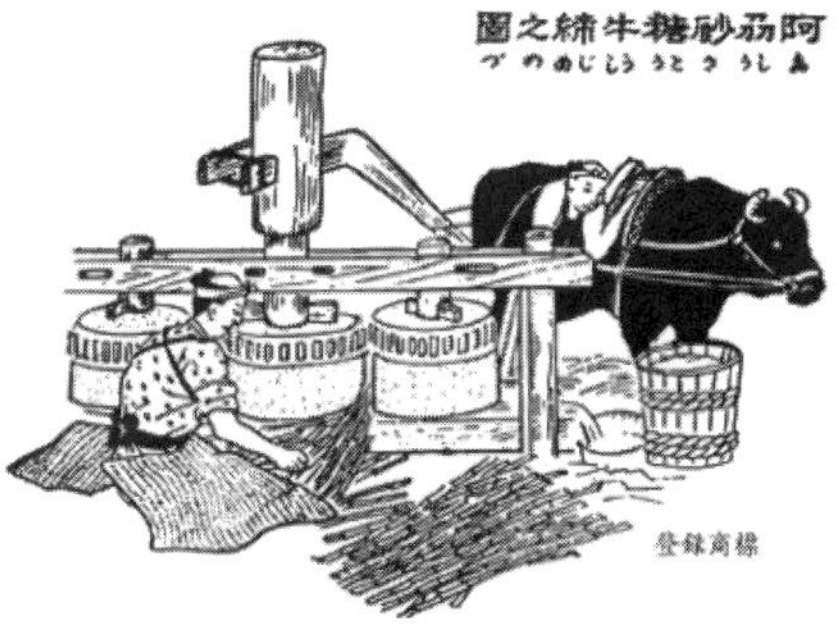

図１　牛を時計回りに歩かせて、ローラーを回転させる。図は岡田製糖所の登録商標

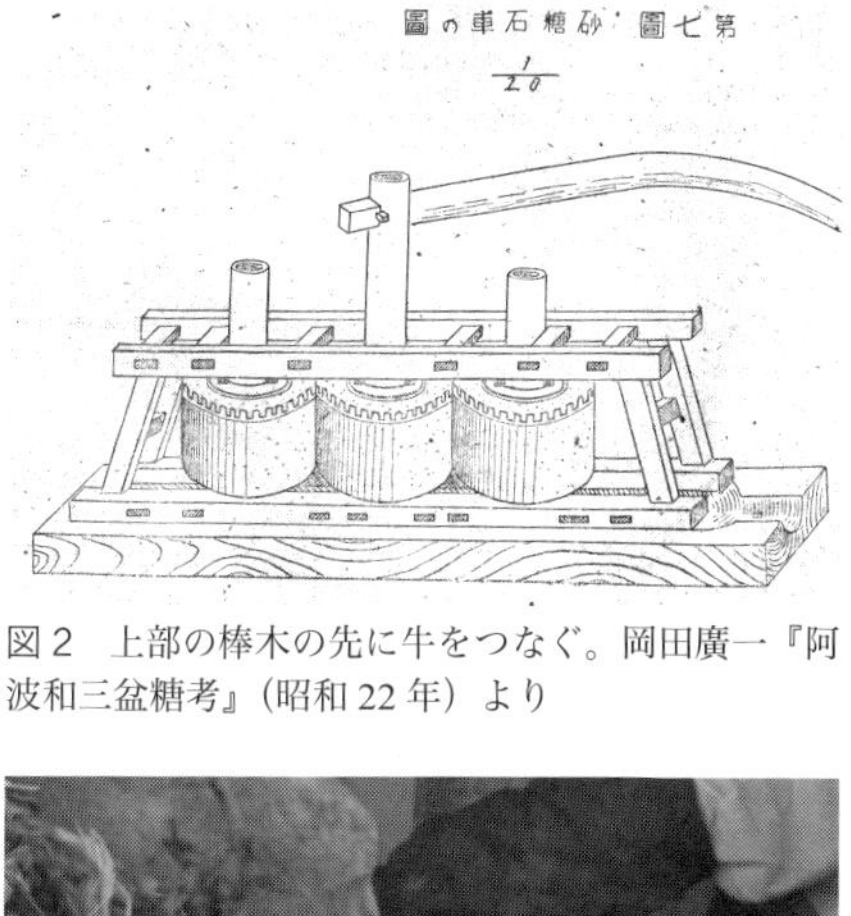

図２　上部の棒木の先に牛をつなぐ。岡田廣一『阿波和三盆糖考』（昭和22年）より

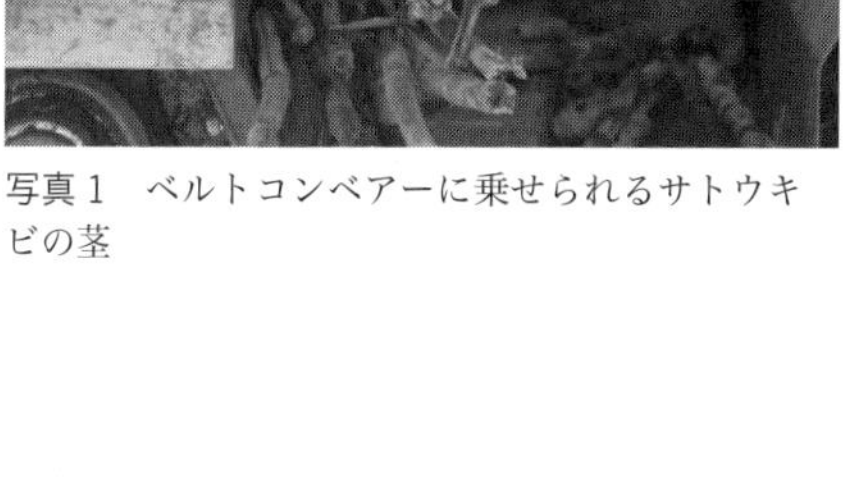

写真１　ベルトコンベアーに乗せられるサトウキビの茎

「一番アク抜き」といって、ジュースを荒釜で加熱して浮いてくる濁った緑色のアクをまず目の細かい網で取り除く。

次に、石灰を加えて、アクをさらに浮き上がらせ、釜の上に端に隙間を開けた蓋をして、吹き上がる泡の上に乗って沸いてくる緑色のアクを外に「ふかし」出すように、火加減を調節しながら、「二番アク抜き」を施す（写真２）。

アク抜きは、一つの釜に一人が付きっきりになる。根気のいる作業だが、入念に行わないと和三盆の色がドス黒くなってしまうという。

写真２　火加減でアクだけを釜の外に出す「ふかし」という作業

写真３　左から、「中釜」「上げ釜」「冷し釜」

写真４　結晶化を促進させる「冷しカメ」

＊写真１～４は岡田製糖所のホームページ（http://www.wasanbon.co.jp）より転載

アクを抜いた糖液は、「澄まし桶」（現在はステンレス製の「澄まし槽」）に入れて、畑から収穫したときに付いてくる砂や泥などの不純物を沈殿させる。

沈殿させた後、上部の澄んだ糖液を「中釜」と呼ばれる釜に移し、煮詰めていく。

その後、「上げ釜」で、最終的な煮詰めを行う。竹の棒からしたたり落ちる糖液で煮詰め具合を確認して、火から上げる（写真３）。温度計も、糖度計も全く使わず、ここでも職人技が発揮されている。

火から上げた濃縮糖液は、「冷し釜」で、攪拌しながら自然冷却する。

さらに冷却するため、素焼きの「冷しカメ」に移して粗熱を取り、冷却しながら結晶化を進めさせる（写真４）。

すると、薄茶色の蜜と結晶が半固化状態となり、これは「白下糖《しろしたとう》」と呼ばれている。「白下糖」の名称は、「白くなる前の砂糖」という意味合いからきていると考えられている。サトウキビを刈り取り終わる二月上旬くらいまでに、この「白下糖」を作っておく。

「白下糖」は大きな樽で保存して、最低でも一週間は寝かして、その後、茶色の蜜を取り除いて白っぽくしていく分蜜工程に入る。

❷分蜜工程

白下糖から茶色っぽい蜜を抜いていく作業は、醤油や酒を搾るのと同じ「押し槽《ふね》」（押し船）と呼ばれる機具を使って、梃子の原理で加圧して行う（図３）。木箱に麻布を外側に、木綿布を内側に敷いて二枚重ね、その中に白下糖を入れて包む（写真5）。白下糖一樽でこの木箱を八個作って、梃子の原理の作用点になる部分に置く（写真6）。そして重石を吊して丸一日加圧する（写真7）。この作業を「荒がけ」と呼んでいる。

翌日、やや蜜が抜けた砂糖を取り出し、少し水を加えて手でこねる「研ぎ」という操作を熟練の職

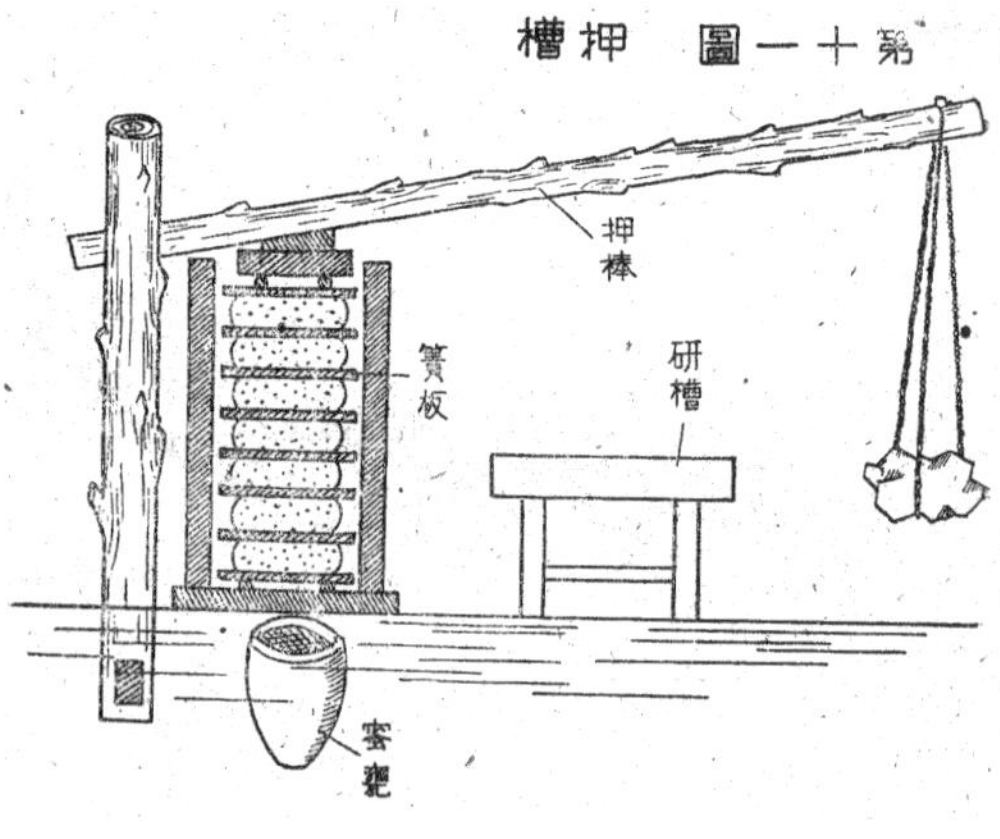

図３　岡田廣一『阿波和三盆糖考』より

写真５　木箱に布を敷いて白下糖を入れる

人さんが行い（写真8）、再び「押し槽」にかけて蜜を抜く。水と一緒に茶色い蜜が絞られ、抜け去って白っぽくなっていくのである。

この操作を三回から五回繰り返す。繰り返すほど砂糖は白くなる。

そして、篩《ふるい》にかけて陰干しして出来上がる（写真9）。

この分蜜作業は、夏が来る六月上旬くらいまでには終わらせておく。

写真６　木箱に入れた白下糖を梃子の原理で加圧する

写真７　重石を吊して加圧する

写真８　「研ぎ」を行っているところ

写真９　篩にかけて乾燥させる

以上のように、とても手間がかかっている。

そして、和三盆の分蜜技術は、酒や醤油を絞るのと同様の「押し船」によって加圧し、茶色い蜜を分離していくことに特色がある。

また、うっすらと茶色い蜜が残っているので、上品で風味豊かなきめ細やかな砂糖に仕上がっている。

第二章　奄美大島の黒砂糖

奄美大島のみならず奄美群島や沖縄諸島で作られる黒砂糖は、店によって、味も、食感も違う。齧《かじ》るという表現が合うほど硬いものもあれば、手で割ることが出来るポロッとしたもの、噛むとキャラメルのように歯にまとわりつくものなどさまざまだ。黒砂糖製造所でも、毎日「感じ」が違う黒砂糖が出来るという。

黒砂糖の作り方を簡単にいうと、サトウキビの茎から中のジュースを搾り、不純物を取り除きながら煮つめて、攪拌して固める。いたって簡単のようにみえるが、アメ化させないで結晶化させるには、煮つめ方にも熟練の技、勘が必要となる。

◉黒砂糖の製造方法

龍郷《たつごう》町中勝《なかがち》地区の集落で作られた黒砂糖が、明治三十一（一八九八）年八月二十五日に行われた第二回黒糖品評会で一等賞を受賞した。まずは、その黒砂糖作りに参加した家系を引く水間黒糖製造工

写真3　食用石灰を水で溶いたもの。ジュースを煮つめる初期段階で入れる。サトウキビの状態や時期、量などによって入れる量が異なる、重要な職人技のひとつである

写真4　重油バーナーで木材を点火し、高温で炊き上げる。バーナーを止めたり、薪を増やしたり、職人の勘がものをいう。中央の木箱の上部に布を張って、この中に、浮いてくるアクを入れる

写真7　攪拌機。中央の穴から、ドロドロの結晶と蜜の混合物が流れ出てくる

写真8　攪拌機から流れ出る結晶と蜜の混合物が平たくなるように、トレイを手で動かしながら受け入れた直後の状態。このあと、まだ温かいうちに、切れ目を入れておく

写真11　攪拌機の周りに付いた「なべかき」は、まだ温かいうちに手で一口大にちぎっていく

[黒砂糖の製造方法]

写真１　ローラーの間に、サトウキビの茎を挿し入れて､圧搾する。手前の地面に掘った穴へ置かれたポリバケツに、ネットを通して、その中にジュースが流れ落ちる

写真２　竈の入り口から見た鍋の配置。火入れ前の鍋の掃除の様子

写真５　濃縮された糖液。あともう少し煮つめて、取り上げる

写真６　鍋から濃縮糖液をすくい出して、左側の攪拌機の中へ移す

写真９　冷却乾燥中の板状の黒糖

写真10　板状の黒糖をハサミで、一口大に切って出来上がり

場で作られている黒砂糖の製造法から紹介しよう。

黒砂糖製造は、十一月から六月位までのサトウキビが収穫される時期にだけ行われ、畑から刈り取られたフレッシュなサトウキビを使用する。ローラーの間にサトウキビの茎を数本挿し込んで、中のジュースを圧搾する（写真１）。竈《かまど》の熱源はバーナーと、木材を燃料にしていて、竈の入り口から長方形の鍋二つが、縦に前後に配置されている（写真２）。鍋にジュースを入れ、加熱する。加熱し始めに食用石灰を水で溶いたものを入れる（写真３）。加熱するにつれ、黒っぽいアクが浮いてくるので、それをすくって除去しながら（写真４）、粘性のある濃縮糖液に仕上げていく（写真５）。濃縮糖液を長方形の鍋から汲み出して攪拌機へ移動させる（写真６）。かつては棒状の道具を使って手作業で攪拌していたというが、現在はスイッチオンで攪拌してくれる攪拌機を使用（写真７）。約四〜五分で、結晶が析出され、結晶と蜜との混合物が出来上がる。ドロリ、ドボッと流れ落ちてくるので、それをトレイ状の容器で平坦になるようにして受けとめる（写真８）。まだ温かいうちに切り込みを入れて、冷却乾燥させる（写真９）。チョコレートのような板状になっている黒砂糖を一口大にハサミで切って出来上がり（写真10）。

攪拌機の周りについている黒砂糖は、こそげるようにして取り出し、まだ、生温かいうちに手で千切っていく（写真11）。これは、「なべかき」と呼ばれていて、こちらを好む人もいるそうだ。

◉江戸時代、奄美黒砂糖の流通

江戸時代、奄美大島で黒砂糖製造に成功したのは、かつては慶長年間（一五九六〜一六一五）とされてきたが、現在は元禄年間（一六八八〜一七〇四）説が有力になってきている。

奄美大島の砂糖が、いつ頃から薩摩藩によって買い入れられたかは不明だが、「喜界島大官記」所収の記事として正徳三（一七一三）年の大島代官である酒匂《さかわ》太郎左衛門の日記に、「近年ハ砂糖百拾三万斤ツ、年々御買入ありと記せり」とある。砂糖製造を命令・監督する「黍検者」という役人が、薩摩藩から大島に海を渡って派遣されてきたのが、元禄八（一六九五）年のこと。元禄十（一六九七）年には、島出身の「黍横目」という在地役人も置かれた。

それから約一五年後には、サトウキビの栽培も、砂糖製造も島の物産となるほどに成功したことをこの代官日記は示している。享保年間（一七一六

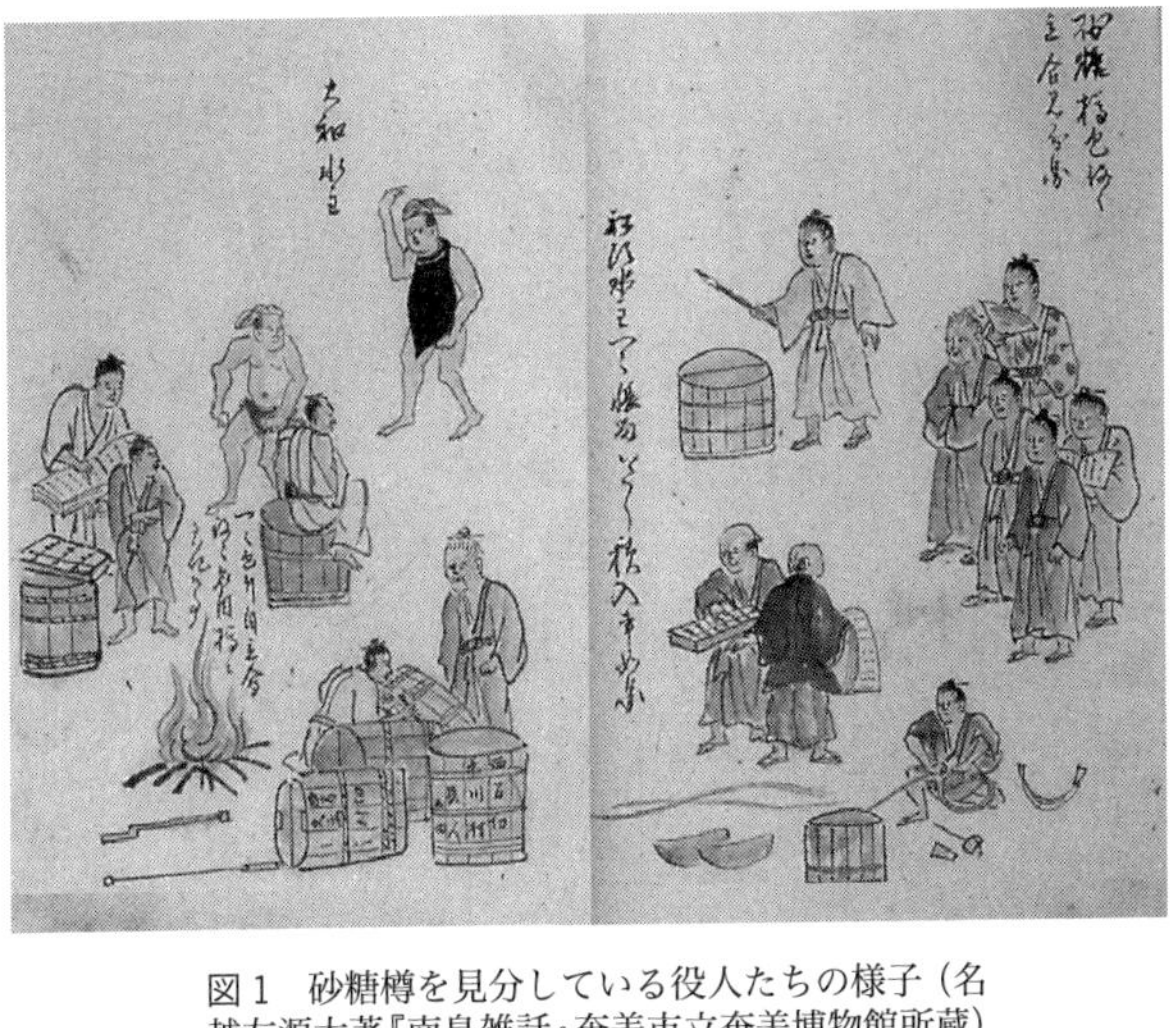

図１　砂糖樽を見分している役人たちの様子（名越左源太著『南島雑話』奄美市立奄美博物館所蔵）

～三五）には、奄美大島や徳ノ島、鬼界ケ島産の黒砂糖が、大坂の蔵屋敷において入札されるに至ったという。

　奄美大島の砂糖は、その後二五〇万斤の上納となり、延享二（一七四五）年には、一〇〇万斤の臨時買い上げを命じられて、合計三五〇万斤の上納となった。

◉江戸時代の黒砂糖の形状

　では、江戸時代の奄美大島の黒砂糖は、どのような形状だったのだろうか。

　現在のように、トレイ状の容器に広げて伸ばし、板状だったのか。そして一口大の塊にしていたのだろうか。それとも、パラパラとした砂状であったのだろうか。

　島津藩へ運ばれる砂糖は、樽詰めだった。その樽は、役人が見分して、寸法も後に決められてい

図２　小屋の中に設置された竈でサトウキビのジュースを煮つめて、結晶を析出させるために、棒で攪拌している様子（吉満義志信著『徳之島事情』鹿児島大学附属図書館所蔵）

たほどである（図1）。

もし、板状や一口大に塊を割るなりしていたら、樽の容量に対して、固まりの形状によって、隙間が出来てしまうので重量が大きく異なってしまう。島津藩によって厳しく統制されていた砂糖の製造・運搬にもかかわらず、詳細な製造法や固化させた黒砂糖の形状に関して記した史料は、管見の限り見当たらない。

時代は下るが、近世後期から大正初期までの徳之島の人物や風俗を記した『徳之島事情』に、濃縮糖液を移して棒で攪拌し、結晶を析出させる円形の鍋らしきものは描かれている。しかし、その鍋から板状に冷却固化させる台や現代のトレイやボウルの類に相当する容器などは描かれていない（図2）。あるのは樽だけである。また、幕末期の『大嶋窺《せつ》覧・大嶋便覧・大嶋漫筆』にも、左端に、攪拌用と思しき鍋が一つ描かれているものの（図

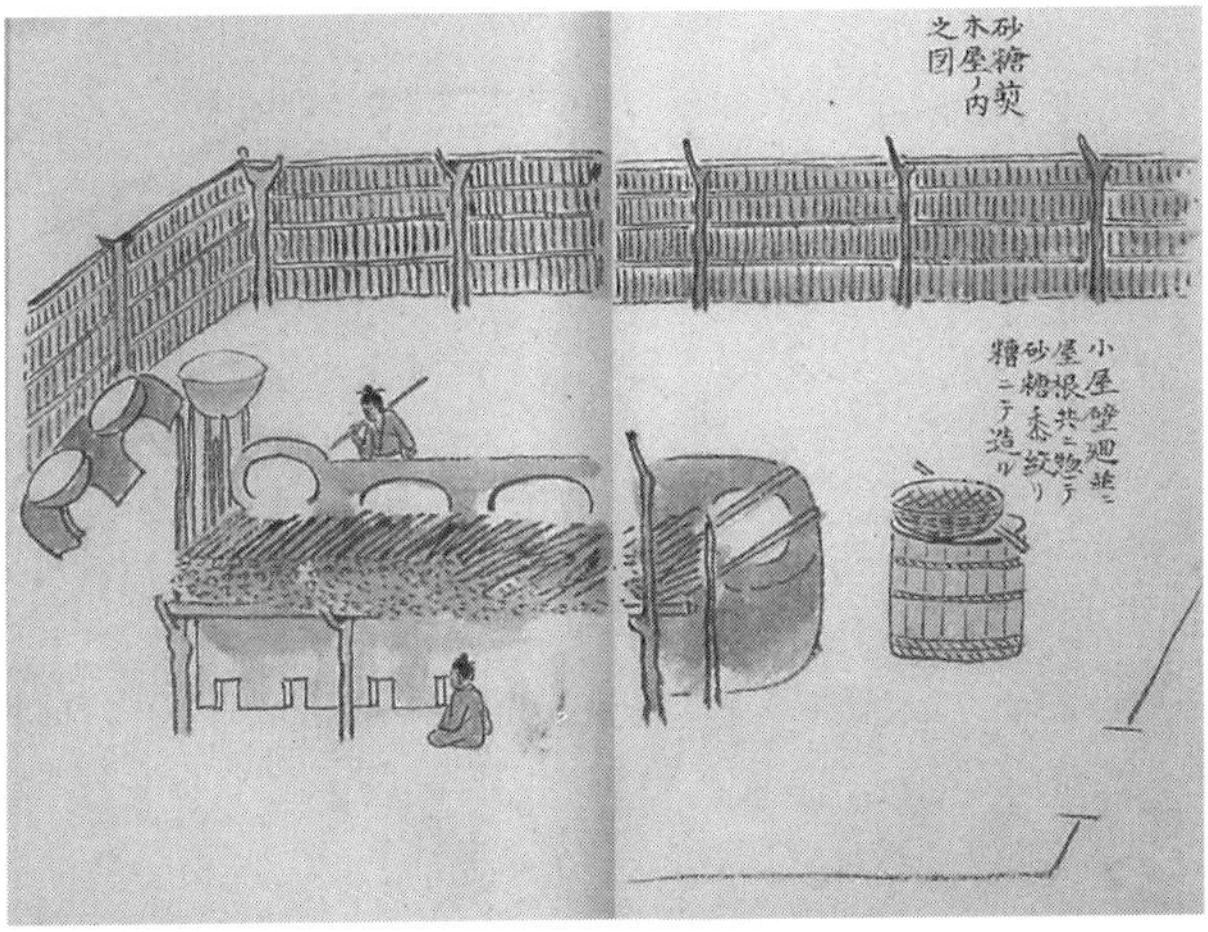

図３　左側の、６本の脚の上に載っている円形の鍋が、結晶析出用のものだと思われる（名越左源太著『大嶋窺覧・大嶋便覧・大嶋慢筆』奄美市立奄美博物館所蔵）

３)、まだ温かい結晶と蜜との混合物を広げるような容器は描かれていない。
そこで考えられることは、冷却しながら攪拌して結晶を析出させる鍋から、直接樽へ入れたのではないかということである。

そのときの黒砂糖の状態は、どうであったか。

完全に冷えると固化してしまうので、人肌程度に冷めて、樽へ移動させることが出来るドロドロとした状態で樽に詰めたのではないだろうか。あるいは、結晶を析出させる鍋で、絶えず攪拌し続けて、鍋の形状に固化してしまうのを防ぎ、豆粒または米粒位の大きさの結晶と黒い蜜がくっついた状態で樽詰めしたのではないだろうか。

いずれにせよ、樽の中では上から入れられてくる黒砂糖の重力によって隙間を埋めていくことになるので、樽内はぎっしりと黒砂糖で埋められていたと思われる。

江戸時代に書かれた川柳に、

須弥山《しゅみせん》のやうに出しとく黒砂糖

というのがある。これは､樽から出された黒砂糖が､固まったまま立てて出しておいてある様子を言っている。須弥山とは、古代インドの世界観を仏教が取り入れた曼荼羅図などに描かれているもので、世界の中心にそびえるという空想上の高山のことである。樽は､上部の口径の方が広くなっているが、蓋をとって中身を樽から出せば、上部側が下になり山のように裾が広がった黒砂糖の塊となる。

現在は、黒砂糖製造所で、切るか、千切るか、割るか、粉にして袋詰めにされて販売されている黒砂糖も、江戸時代は、はるばる奄美大島から鹿児島を経由して、大坂へ、そして江戸へと、樽のまま運搬され、樽の形状の大きな固まりの山型の黒砂糖が、販売店で鎮座していたと考えられる。江戸時代はそれを計り売りしていたのだ。

第二部　江戸時代の白砂糖生産

第一章　江戸時代に「輸入」した砂糖と砂糖製造法

一、日本が輸入したアジア生産の砂糖

◉「鎖国」と貿易

寛永十八（一六四一）年、オランダ人の居住地を長崎の出島に限定した「鎖国」の完成に先立ち、平戸にあったイギリス商館は元和九（一六二三）年に閉鎖され、翌年寛永元（一六二四）年にはスペインとの国交が断絶した。日本人の渡海も、豊臣秀吉時代から引き続き行われていたが禁止され、海外に住む日本人の帰国も禁止となり、寛永十六（一六三九）年にはポルトガル船の来港が禁止された。以来、キリスト教の布教をしないことが絶対条件となり、ヨーロッパでは、オランダ船のみが貿易を許可されていた。また、唐船と呼ばれる、アジアの港を出港した船の来航も、長崎入津に限って貿易を許されていた。唐船というと、中国からの船だけだと思われるかもしれないが、カンボジア、ベ

トナム、タイ、インドネシアなどから出航する船も来港していたのだった。

　オランダ船と唐船は、氷砂糖・白砂糖・黒砂糖なども大量に運んできた。

◉西川如見『増補華夷通商考』にみる砂糖の産地

「鎖国」時代において、海外からの情報が一番集まった長崎。この地で生まれた天文暦算家で地理学者に西川如見《じょけん》という人がいた。

　如見は、享保三（一七一八）年十一月に、吉宗の命によって江戸に召され、翌年の春に江戸城において吉宗の下問に答えた。その後長崎に戻り、享保九（一七二四）年に亡くなっている。息子の正休《まさよし》は、元文五（一七四〇）年に召し出され、暦術測量御用（太陽・月・星の運行を測定して暦を作る仕事）を承り、吉宗の側近として仕えるようになった。まさに、吉宗時代に関わっていた親子だっ

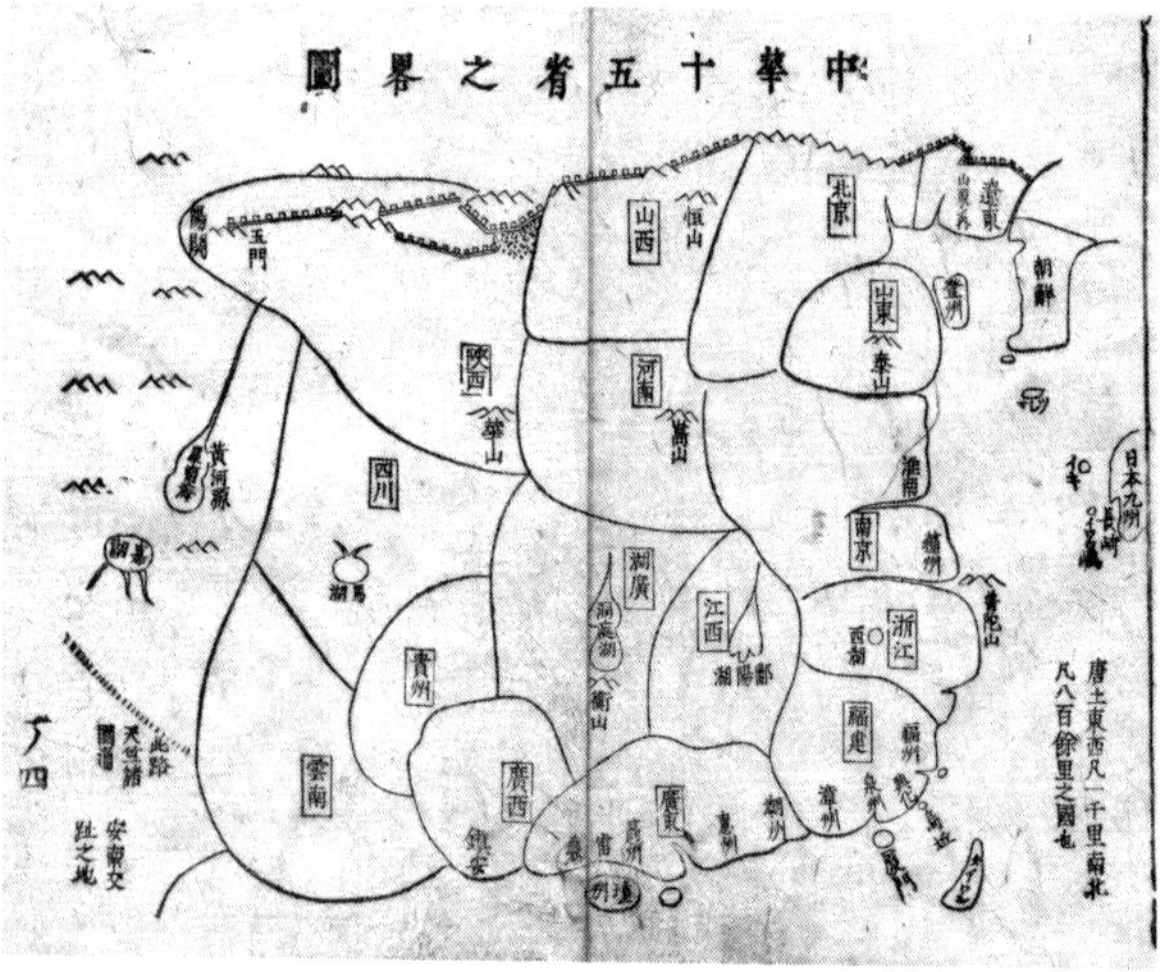

写真１『増補華夷通商考』より、中国の地図

た。

この如見が、吉宗に召されるに至る十年程前の宝永五（一七〇八）年に刊行した『増補華夷《かい》通商考』には、中国二京一三省と、アジア諸国、その他のオランダを初めとする外国の位置、風土、土産《どさん》（土地の産物）などが記されている（写真1・2）。これは如見が元禄八（一六九五）年にすでに刊行していた『華夷通商考』上下二冊を、五巻五冊として大幅に増補したものである。

この史料から東アジア、東南アジアで砂糖を土産として挙げている地をみていくことにしよう。

・中国　泉州・漳州

砂糖を土産とする地は、中国では、「砂糖白・黒・氷色々、泉州・漳州ニテ造ル」と、現在の福建省内の泉州と漳州《しょうしゅう》が挙げられている（写真3）。「甘蔗《サタウキビ》泉州・漳州、砂糖ニセンズルキビ」と、砂糖製造用

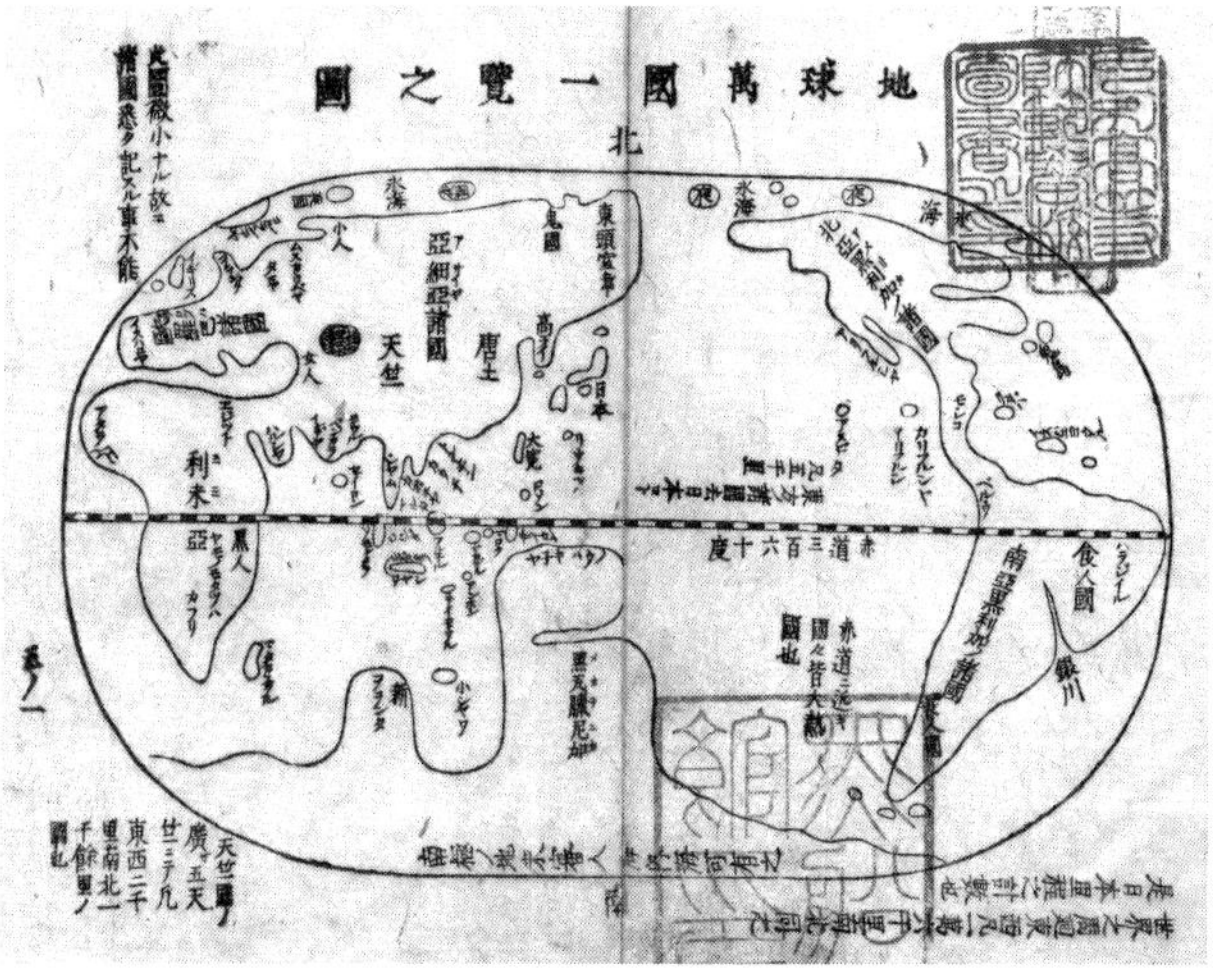

写真２　『増補華夷通商考』より、地球図

のサトウキビも挙げられている。また、「砂糖漬物色々　蜜漬・乾漬、福州・泉州・漳州ヨリ出」と、砂糖漬けには「蜜漬」と「乾漬」があり、前者は蜜でベトベトした砂糖漬け、後者は乾燥している砂糖漬けの二種あったことを示している。福州（同じく現福建省）が、砂糖やサトウキビの産地として挙げられていないにもかかわらず、砂糖漬けの産地として加えられているのは、砂糖漬けの加工では有名であったことを示しているといえよう。

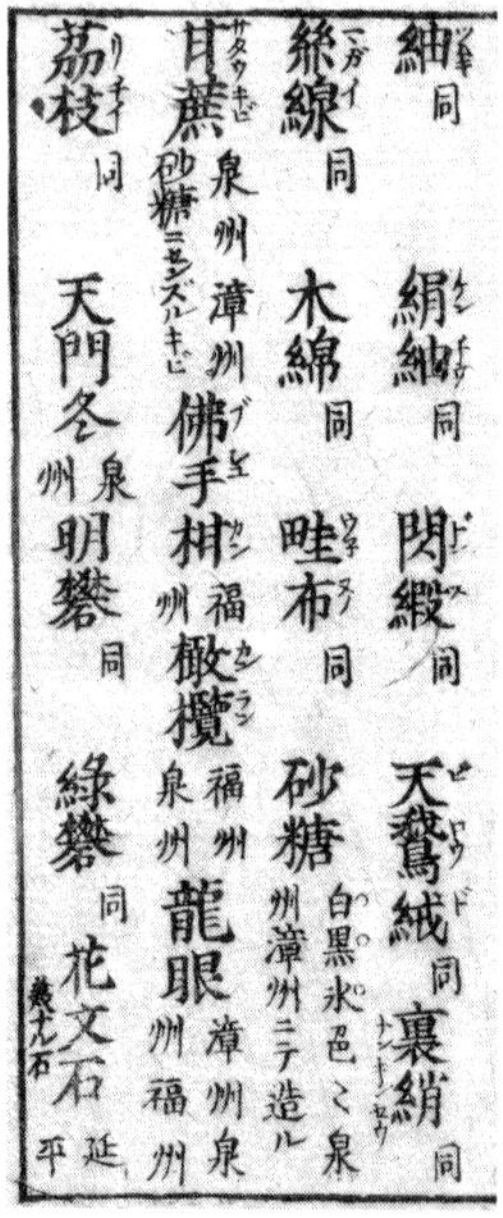
紬 同　絹紬 同　閃緞 同　天鵞絨 同　裏絹 同
絲線 同　木綿 同　畦布 同　砂糖 白黒氷色々泉州漳州ニテ造ル
甘蔗 砂糖ニセンズルキビ 泉州漳州　佛手柑 福州　橄欖 福州泉州　龍眼 漳州泉州福州
荔枝 同　天門冬 泉州　明礬 同　緑礬 同　花文石 延平

写真３『増補華夷通商考』の福建省土産に記されている砂糖

・琉球・カンボジア・台湾・シャム

琉球とカンボジア「東埔寨《カンボウチャ》」の土産では黒砂糖が挙げられ、東埔寨の黒砂糖には「烏糖トモ」と記されている。黒砂糖といっても焦げ茶や赤みがかったものがあるが、東埔寨の黒砂糖は烏のように真っ黒でつややかな印象があったのではなかろうか。

台湾である「大寃《タイワン》」の土産では、白砂糖が筆頭に挙げられている。

「暹羅《シャム》」の土産には、「黒砂糖・切砂糖・白砂糖　下品少々」が挙げられている。「白砂糖　下品少々」とあるので、暹羅では白砂糖は品質の良くないものが少ししか生産されていなかったのであろう。

・ベトナム

ベトナム中部である「交趾《カウチ》」の土産には、「砂糖　白・黒・氷」が出てくる。

また交趾の土産には「砂糖蜜」というのもある。「蜜」というと、この時代さまざまな「蜜」があったので、サトウキビを原料とする蜜とは断定出来ないのであるが、はっきりと「砂糖蜜」と書かれているので、サトウキビから作られた蜜と考えられる（第三部一章と四章に近年の「蜜」を採録した）。

おもしろいのは、「浮石糖《カルメル》」が土産として挙げられていることである。「カルメル」とルビがふられているが、カルメルの元の語はポルトガル語で、まだポルトガル人の来港が許されていた頃に日本へ伝わった南蛮菓子の一つである（写真４）。

ベトナム中部にもポルトガル人が来港していたから、はるばるポルトガルから「カルメル」を船載して、その製法が移転されたとも考えられる。または、同じような砂糖菓子がすでにベトナムにあったのか？

・パタニ王国・ジャワ・バンテン王国・バタヴィア

マレー半島に十四世紀から十九世紀まであったパタニ王国「太泥《タニ》」からは、「砂糖蜜」が挙げられている。

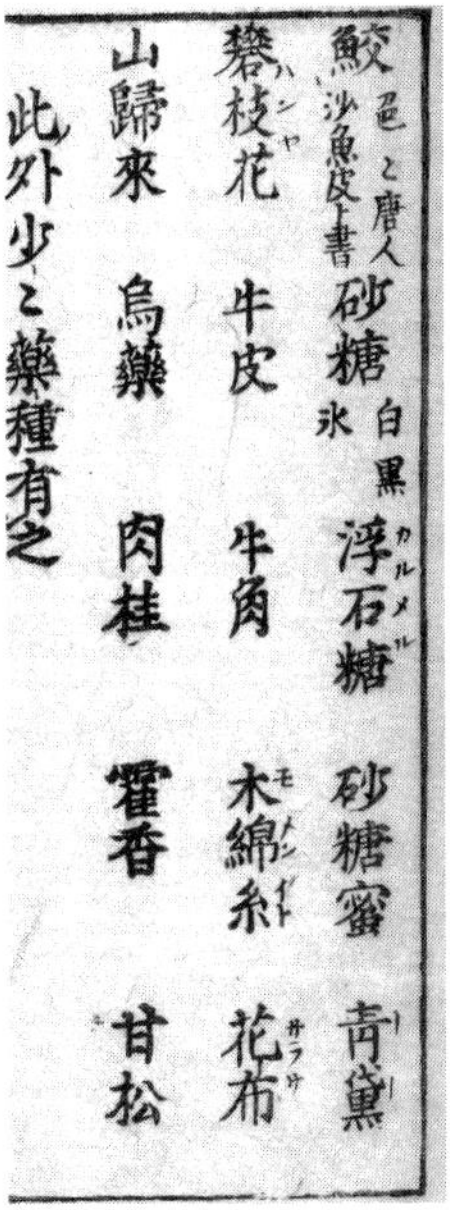
鮫 邑と唐人 沙魚皮ト書 砂糖 白黒 氷 浮石糖《カルメル》 砂糖蜜 青黛
礬枝花《ハンシヤ》 牛皮 牛角 木綿糸《モメンイト》 花布《サラサ》
山歸來 烏藥 肉桂 霍香 甘松
此外少々藥種有之

写真４『増補華夷通商考』のベトナム「交趾」土産に記されている砂糖とカルメル

「呱哇《ジャワ》」からは、「砂糖　白・黒・シミ」と、下級品の含蜜糖であるシミの名称もみられる。ジャワ島西部にあったバンテン王国「番旦《バンタン》」からは、「砂糖　白・黒」が挙げられている。

そして、オランダ船による貿易のアジアの本拠点としてオランダ東インド会社が支配していたジャワ島西北岸「咬𠺕吧《カラパア》」。この地をオランダ人はバタヴィアと名付けた。日本人はジャガタラとも呼んでいた。ジャガイモの語源となった名称である。この地の土産として、「砂糖　白・黒・氷・シミ」が挙げられている。オランダ船は、毎年一～二艘、多いときで三艘日本へ来港していたが、オランダにとっても砂糖は対日貿易の重要な商品だったのである。

以上のように、日本がまだ砂糖製造法に成功していない頃から、東アジア・東南アジアでは砂糖が産物となっており、これらの地は砂糖製造の先進地であった。

次に、これらの産地の砂糖が、どのようなランク付けで当時考えられていたかをみていくことにしよう。

◉『和漢三才図会』にみる砂糖の輸入と品質

吉宗が将軍に就く前年の正徳五（一七一五）年に刊行された、寺島良安による絵入り百科事典『和《わ》漢三才図会《かんさんさいずえ》』には、「甘蔗《さたうの木》、紫餹《くろさたう》、氷餹《こほりさたう》、餹霜《しろさたう》 石蜜」（写真５・６）の項目が記されている。これには、おおよその輸入量と、どこからの砂糖がいいかが記されている。

　この頃の輸入量は、黒砂糖はおよそ七〇～八〇万斤（約四二〇～四八〇トン）。ベトナムの交趾からの黒砂糖が最上で（第三部二章に近年の黒砂糖作りを紹介している）、台湾・福州・シャムがそれに次いで、カンボジアのものは下級品としている。その他に琉球からも七〇～八〇万斤がきて最下級品と位置づけている。また「琉球では白砂糖と氷砂糖の製法はよく知らないのだろうか、黒砂糖のみ」と述べられている。

　白砂糖は、およそ二五〇〇万斤（約一五〇〇トン）が異国から来て、台湾のものが極上で、交趾のものがそれに次ぐとし、南京・福建・寧波《ニンポー》（現浙江省東部の都市）がその次で、オランダの支配地、咬𠺕吧からのものは下級品であるとしている。

　氷砂糖は、一二〇万斤余り（約一二〇トン）

右：写真５　『和漢三才図会』（国立国会図書館所蔵、以下同）では甘蔗と砂糖は餹果類に分類されている。「餹霜」の漢字は、中国でこの頃は白砂糖のことだった
左：写真６　『和漢三才図会』に描かれている砂糖の絵

が各地から来るが、台湾のものを上等品としている。

◉貿易の制限

さて、貿易を許されていた唐船とオランダ船であるが、対価として支払う日本の金銀銅の流出を防ぐために、幕府は薬種および砂糖の国産化を目指していた。

貞享二（一六八五）年、幕府は唐船六〇〇〇貫目、オランダ船は三〇〇〇貫目と貿易額の定高《さだめだか》（取引の上限）を決め、また、元禄元（一六八八）年には、唐船は七〇艘としか貿易を許さない政策に出た。しかも七〇艘は、各地に割り当てられた。以下はその割り当てである。

南京　一〇艘
普陀山三艘
寧波　一二艘
福州　一三艘
泉州　四艘
漳州　三艘
厦門　五艘
広東　六艘

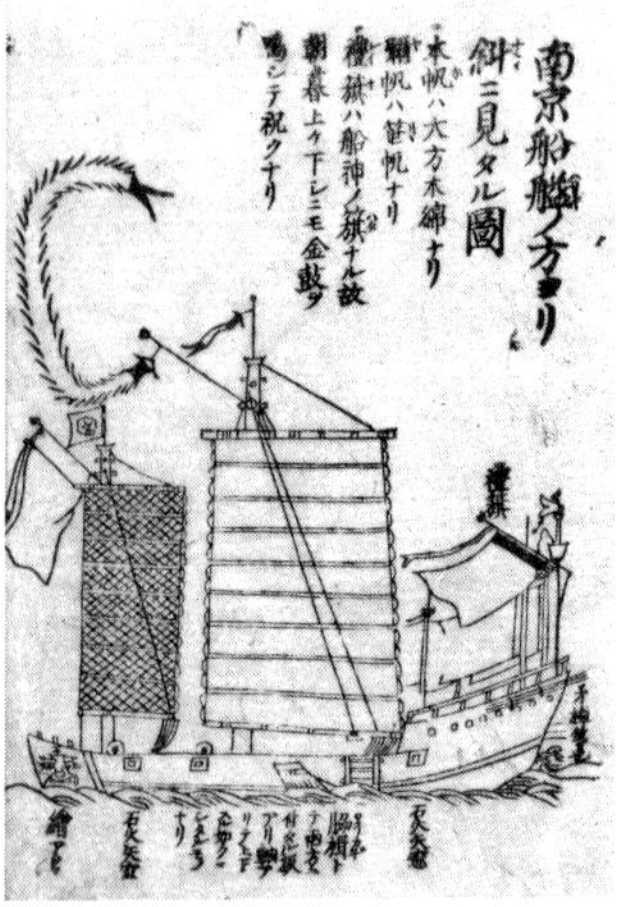

多く来航した南京船（右）と福州船（左）の図

潮州　二艘
高州　二艘
東京（トンキン・ベトナム北部）一艘
広南（コウナン・ベトナム中部）三艘
東埔寨（カンボジア）一艘
暹羅（シャム）二艘
太泥（パタニ）一艘
咬𠺕吧（カラパアまたはカルパ・ジャワ島）二艘

貞享元（一六八四）年に中国・清朝によって海外渡航禁止が解除されたこともあり、中国の地からが多く、その中でも日本に近い南京、寧波、福州からの船数が圧倒的に多い（写真7・8）。

さらに正徳五（一七一五）年には、定高は、唐船六〇〇〇貫目と据え置きのまま、唐船の来港船数を三〇艘にまで縮小した。しかも出港地ごとに船数を決め、そしてあらかじめ一定の期間を指定し、貿易高も決めて、近い将来に長崎へ入津するという予約システムをとった。その証拠として江戸幕府が貿易のために来日する唐船の船頭に通商免許としての割符「信牌《しんぱい》」を発行し、「信牌」を持っていない船頭は、たとえ大量の荷物を積んで長崎へやってきても入津が許されなかった。この「信牌」システムは、幕末の安政の開港まで続けられた。

写真7・8　『増補華夷通商考』には船も描かれている。日本へ→

このような貿易システムが変化したばかりの頃と、砂糖の国産化を目指した吉宗の将軍時代が重なっている。

◉唐船の出港地と砂糖の舶載

では、具体的にどのくらいの量の砂糖が日本に舶載されてきたのだろうか？

他の産地から仕入れた可能性はあるものの、唐船の出港地とされる地名からみてみよう。たとえば享保二十年には、二九艘の唐船が来港しているが、半数弱の一三艘の積荷の記録が残されている。その中から舶載されてきた砂糖の種類や量が次表である。

この年の記録に残る船だけではあるが、すべての船に砂糖が舶載されていた。薩摩藩を通じて琉球と奄美諸島から黒砂糖が入ってきていたとはいえ、黒砂糖もまだ唐船によって輸入されていた。そして、まだこの頃の日本では成功していなかった白砂糖の輸入が圧倒的に多い。

吉宗の頃、まだ砂糖が庶民の手にまで届かなかった時代である。それもそのはず、輸入品がほとんどだったからだ。

砂糖の国産化に成功して、庶民が砂糖の味を知るようになるのは、まだ先のことである。

舶載されてきた砂糖の種類と量

入津番号と出港地	砂糖	
	種類	量（斤）
一番船	白砂糖 氷砂糖 黒砂糖	62,800 5,910 5,000
二番船	白砂糖 氷砂糖 黒砂糖 糖蜜	47,900 3,100 41,734 3,539
三番寧波船	白砂糖 氷砂糖	49,350 1,500
四番南京船	白砂糖 白砂糖の最上種 氷砂糖 黒砂糖	18,100 2,380 1,220 *700
五番咬嚁吧船	白砂糖 氷砂糖 黒砂糖	84,500 2,800 300
六番南京船	白砂糖 氷砂糖	79,200 860
七番寧波船	白砂糖 氷砂糖	70,000 2,600
八番東埔寨船	白砂糖 氷砂糖	110,000 4,000
九番広東船	白砂糖 氷砂糖 黒砂糖 砂糖漬	121,100 1,090 2,500 100
十番南京船	白砂糖 氷砂糖	40,000 16,000
十一番船	白砂糖 黒砂糖	96,900 29,000
十二番咬嚁吧船	白砂糖 氷砂糖	96,000 2,000
十三番寧波船	白砂糖 氷砂糖 黒砂糖	48,776 2,000 16,500

*四番南京船の黒砂糖の 700 のみ俵換算である。

永積洋子『唐船輸出入品数量一覧 1637 ～ 1833 年』（創文社 1987 年）により作成

二、江戸時代の朱印船貿易

◉徳川家康とベトナム

日本とベトナムとの貿易は、早くも秀吉の時代から行われていたと考えられている。日本から東南アジアへ船を仕立て、海外貿易を行うようになり、渡海許可証である「御朱印状」が必要であったので、「朱印船貿易」と呼ばれている。しかし、盛んになるのは、徳川家康の時代からである。

関ヶ原の合戦の翌年である慶長六（一六〇一）年夏に、ベトナム中部を支配していた阮《グエン》氏の「国書」を携えた商船が日本へやってきた。家康は同年十月に返書と武具を贈った。翌年の六月には、一二〇〇人もの人間を乗せたベトナム船が長崎に入津し、生きた虎、象、孔雀を家康に贈った。慶長六年から十一（一六〇六）年までは、毎年ベトナムから商船がやってきている。もちろん、奉書と献上品も携えて……。慶長十五（一六一〇）年の献上物の中に、鸚鵡《おうむ》と、孔雀、沈香《じんこう》という香木などにならんで、氷砂糖と思われるものが一〇壺ある。

このように、江戸時代初期にはベトナムと日本は親交が密であり、貿易も盛んだった。

◉ベトナムに渡った角屋七郎兵衛栄吉

さて、伊勢神宮の近くの大湊を本拠地にし、後に松坂の港町に移った回船業を主とする角屋家の角屋七郎次郎秀持は、信長が明智光秀に討たれた「本能寺の変」の直後、家康が三河まで帰るのを船で助けたとされる。その後家康から角屋船の三河・遠江諸港への出入の際に支払わなければならない諸税を免除した免許状が発給された。後に家康が天下を取ると、諸国港出入自由諸役免除の御朱印を授けられ、その慣例は、江戸時代を通じて踏襲された。

三代将軍・家光時代の寛永八（一六三一）年、家康の窮地を救った秀持の次男、七郎兵衛栄吉は、角屋の御朱印船八幡丸に乗って、ベトナムに向かった。栄吉は、交趾と呼ばれていたベトナム中部のホイアンに移住して、他の邦人たちと日本人町をつくった。当時のホイアンは、日本からの御朱印船、唐船、オランダ船、ポルトガル船も来港する国際貿易都市だった。

栄吉がベトナムへ移住して二年後、寛永十（一六三三）年から幕府は徐々に「鎖国」への道をたどるようになった。このとき幕府が発した統制令は、海外にいる日本人は五年以内に帰国すること、それ以後の帰国は死罪とするというものだった。さらに二年後の寛永十二（一六三五）年には、日本の船は一切異国へ行ってはならない、異国にいる者は帰国してはならないと発布した。

寛永十六（一六三九）年には、キリスト教の布教を行ってきたポルトガル船の来航を禁止し、オランダ船と唐船による貿易しか許されなくなり、日本から手紙を出すこともかなわなかった。

日本に戻ることが出来ない栄吉は、阮氏の娘を妻とし、順官という息子をもうけている。

◉栄吉が送ったベトナムの白砂糖

その後、寛文年間に、通信の許可がおり、寛文六（一六六六）年六月の日付で、ベトナムに渡った七郎兵衛から、松坂在住の兄・七郎次郎（代々七郎次郎を名乗る）と、堺在住の弟・九郎兵衛宛に出された手紙の写が、伊勢神宮の神宮徴古館所蔵の『安南記』に所収されている。

書簡の中で栄吉は、七郎次郎と九郎兵衛に、長崎まで行って、長崎在住の角屋家の親戚である荒木久右衛門から、唐船の船頭や船員、そして商客ら合計五人に貸し付けている銀を受け取るように要請している。すなわち、ベトナムで商品を購入し、日本へ持って行って売ろうとしている彼らに、栄吉は銀をベトナムで貸しているのである。

その銀で仕入れを行った船頭らは、長崎で商品を売り、栄吉からベトナムで借りた銀を、久右衛門に返すという約束で借り請けていた。その貸し付け合計は、丁銀（秤量して流通した海鼠形の銀貨）四〇貫目であった。

そして、この書簡には、大量の白砂糖を送ったことが記されている。これらの白砂糖も、久右衛門から受け取るように指示している。文脈から、銀を貸した船頭や商客が乗った船三艘と、別の船一艘に船載されて日本へ運ばれたと考えられる。その量は合計で約五〇〇〇斤、一斤を六〇〇グラムで換算すると約三〇〇〇キログラムもの白砂糖が、栄吉の兄弟二人へ送られたのだ。

栄吉は、ホイアンで白砂糖を購入し、それぞれの船頭の船に船載して、長崎まで届けてもらったものと考えられる。

◉ベトナムの黒砂糖の単位

寛文十（一六七〇）年五月の日付のある、ベトナムの栄吉から長崎の荒木勘左衛門と荒木久左衛門宛の書簡の写しもある。それには、大量の黒砂糖を各人へ贈る旨が記されている。原文をそのまま記すと、

一、黒砂糖四丸正味五百拾六斤　勘左衛門殿へ進上申候
一、同　百三拾斤　久左衛門殿へ
一、同　百廿九斤　鎌田杢助殿へ
一、同　弐百八拾六斤　七郎二郎へ
　　　　　　　　　　九郎兵衛へ
　上方へ爲御登可被下候
右合砂糖八丸船頭某舎より慥ニ御請取可被成候、運賃懸り物此方ニ而相済申候間、出入有間敷候

ここで注目したいのは、筆者が傍線を引いた「四丸」「八丸」という「丸」の単位である。四丸が約五一六斤としているので、一丸が約一二九斤となる。約七七キログラムである。次の久左衛門へは一三〇斤、鎌田杢助へは一二九斤なので、先に割り出した一丸の単位の斤数に近い。七郎二郎と九郎兵衛へは二八六斤であるが、これが二丸とすると、合計八丸となる。

このベトナムの砂糖の「丸」の単位と考えられる具体的な様相のことを、江戸時代中期にベトナムに漂着した日本人が残している。少々長くなるが、この漂着民について記したい。

◉ベトナムに漂着した日本人が見た砂糖

この記事は『通航一覧』に所収されている。

栄吉の時代からおよそ一〇〇年を経た、明和二（一七六五）年十月に常陸国磯原村から出帆した船が、陸奥国小名浜で米を積んで同月二十八日に銚子に着き、積米を渡した後帰国途中に遭難し、十二月十七日にベトナムに漂着した。一方、同年十一月三日に米を積んで小名浜から出帆した船も銚子を目指したが遭難し、翌年一月二十五日にベトナムに漂着した。磯原村の生存者四名、小名浜村の生存者三名は、ベトナムで仕入れを行った唐船によって、明和四（一七六七）年七月十六日に、無事長崎へ送り届けられた。

日本に帰った彼らが話した遭難から漂着、そしてベトナムで実際に見聞した砂糖の様子の記録が残されている。

ベトナムに漂着した二つの船の乗組員は、最終的にホイアンに連れてこられ、この地に滞在した。当時のホイアンは、かつて栄吉が生きていた頃から引き続き、国際貿易都市であった。

この漂着民が、竹を剥いで、箕笊のごとくに作った俵に、氷砂糖と白砂糖を入れる様子を目撃している。この俵に砂糖を入れるときは、庭に砂糖を山のように出し並べて、俵へ入るだけ入れて杵で突き込むとしている。またこの俵は、日本の「五斗俵」程の大きさに作るとしている。「五斗俵」は、米一斗が約一五キログラムなので、五斗だと七五キログラム入り位の大きさの、編んだ容器を漂着民が目撃したと思われる。

先に見たように、栄吉がベトナムから、日本へ送った黒砂糖「一丸」の重量も、七七キログラム前後と考えられるので、「一丸」は「五斗俵」に入った一括りの単位とみていいだろう。

そして、日本人の漂着民が乗った唐船にも、二〇〇〇俵もの砂糖を積み、また、その他一七〜一八艘の南京船すべてが、砂糖を買って積み込んでいたとしている。この漂着民は、「ベトナムの産物は砂糖第一」と言っている。それほど、砂糖はベトナムで中心的な貿易品だったのだ。

このように、日本でまだ砂糖の国産化が成功しない江戸時代中期頃までは、ベトナム産の砂糖が、大量に日本へ船載されていたと考えられる。

◉漂着民は砂糖とともに帰国した？

ベトナムへ漂着した日本人を連れて帰った唐船は、明和四年六月二十日にホイアンを出航し、どこへも立ち寄らず、直接長崎に入津。その日付は、同年七月十六日である（ただし、日本人が記しているので和暦である）。

オランダ人は、長崎のオランダ通詞（江戸時代、オランダとの交渉にあたった通訳）を通じて、こっそり唐船の積荷リストの情報をもらっていた。オランダ人にとっては、唐船は、貿易のライバルだったので、いつ、どんな商品をどの位船載してきたのかなどの情報は、まさに喉から手が出るほど欲しかったことは想像に難くない。それらの情報が、オランダ商館日記などに残されている。唐船による貿易の取引額などを直接示す史料が乏しいので、オランダ側が入手した情報によって、漂着民と大量の砂糖を乗せてベトナムを出港した船を推理してみたい。

オランダ人が記す日付というのは、グレゴリオ暦（西暦）なので、当時の日本人が記す和暦とは異なる。ベトナムから漂着民が長崎に入津した日付である和暦の明和四年七月十六日を和暦と西暦の日付まで換算してくれるインターネットのサイトで換算すると、西暦一七六七年八月十日となった。この日が西暦の長崎入津日である。

しかし、積荷目録は入津日よりも後の日付の条に記載されることが多いという。また唐船がどこの船かを言う場合、船が登録されている船籍ではなく、仕入れを行った出港地で言われるようにもなった。したがって、船籍が他国のどこかの地であっても、ベトナムの船として記録されている可能性がある。

次に、永積洋子氏の『唐船輸出入品数量一覧一六三七〜一八三三年』（創文社　一九八七年）を見てみよう。この本は、オランダ側に残されている（もちろんオランダ語で記されている）商館日記などの文書から、唐船の輸出入商品に関する記事を抽出して、そもそもは唐通事《とうつうじ》（江戸時代、中国との貿易交渉にあたった通訳）によって日本語にされた積荷目録を復元したものである。

さて、この本から漂着民が帰国した西暦一七六七年八月十日以降のオランダ側が得ていた唐船の積荷リストを探してみると、西暦一七六七年八月十四日条に四番交趾（ベトナム中部）船の積荷の情報が出ていたのである。

これには、氷砂糖第一種六万一一二〇斤、氷砂糖第二種一六万八〇〇〇斤、最上白砂糖八九六〇斤、白砂糖第二種七万九六八〇斤、砂糖菓子三種四万四六六七斤、黒砂糖二万九八九〇斤、その他、唐寺用として白砂糖二俵が舶載されていた。

この交趾と記された船に、大量の砂糖と共に、漂着民が乗って日本に帰国したのではないだろうか。

私事で恐縮だが、角屋家の文書の中に、私の先祖で、江戸時代初期に二代将軍・秀忠によって旗本に取り立てられた荒尾平八郎が、松坂の角屋七郎次郎に宛てた書簡の直筆が、伊勢神宮の神宮徴古館と名古屋大学付属図書館に所蔵されている。二十年近く前に、重要文化財に指定されている神宮徴古館所蔵の角屋家の書簡集を閲覧させていただいた。先祖の直筆に対面した瞬間だった。ベトナムの砂糖を確かに受け取っていた七郎次郎と親しかった私の先祖のことを知り、「平八郎はベトナムの砂糖をもらって食べていたかもしれない……」と、想像が膨らんだのだった。

三、吉宗時代に幕府が入手した中国の製法

前節に記した漂着民の帰国に先立つこと四十余年。八代将軍・吉宗の時代、すでに砂糖製造に成功していた海外からの情報も入ってきていた。

幕府が、享保十（一七二五）年後半か享保十一（一七二六）年はじめに長崎に入津中の唐船の船頭らに、サトウキビの栽培法から砂糖製法の全工程、薬用人参の製法など薬種について尋ねたことを示唆する史料が残されている。その返事は、一度帰国してから、委細を尋ねて、再び来港したときに回答するというものだった。

◉砂糖製造法の書付を提出した唐船の船頭・李大衡

享保十一年九月に厦門《アモイ》の船頭李大衡《リタイコウ》という人物が、幕府へ甘蔗栽培法、黒砂糖製法、白砂糖製法の書付を提出した。これは幕府への回答とみられる。

まず、この李大衡なる人物からみていこう。正徳五（一七一五）年から、唐船の船頭は、通商免許としての割符「信牌《しんぱい》」を持っていることが必須となった。大衡は、厦門から船を出し、南京の上海で仕入れを行い、唐人三九人を乗せて享保八（一七二三）年十一月二十三日に上海を出航して、同年十一月二十八日に長崎に来港した。しかし、このとき持参したのは、大衡に発行された「信牌」では

なく、享保六（一七二一）年に客商として来日していた顔啓惣《ガンケイソウ》へ発行されたものだった。啓惣は、用事によって日本へ渡海することが出来なくなったので、商売仲間である大衡が彼の「信牌」を譲り受け、それを持って来港したのであった。大衡自身、このときが初めての来日ではなく、啓惣が乗っていた船の貿易事務を行う「筆者役」として一緒に同船していた。このいきさつがわかるのは、長崎に来港する唐船とオランダ船に、「風説書」という海外の情報を含む書付の提出を幕府が命じていたからである。大衡は、翌享保九（一七二四）年十月まで長崎に滞在し、自らに「信牌」を発行してもらって帰国した。その後、大衡は船頭として享保十一（一七二六）年五月十九日に来港し、十月十三日まで滞在。その間の九月に砂糖製法に関する書付を提出したのだった。

厦門は、台湾の横に位置し、第一章で紹介した、中国の土産《どさん》として砂糖が挙げられていた福建省泉州と漳州の地と近い（36頁・写真1参照）。大衡が書付として提出した砂糖製造法は、このあたりの中国の製造法とみていいだろう。

当時、長崎には、「鎖国」とはいえ、コミュニケーションをとるには不可欠である通訳・翻訳業務を主として行うオランダ通詞と唐通事が常住していた。この専門技能集団は試験を通過しなければ上位の役には就けないほどのランクがあり、海外からの情報を一番に接することが出来る人々でもあった。大衡が提出した中国語の書付は、唐通事によって当時の日本語に翻訳された（写真1・2）。

日本語に翻訳された訳文には、「譯者 游龍順内 官梅三十郎 清川永左衛門」と、翻訳した三人の名前が最後に記されている（写真3）。

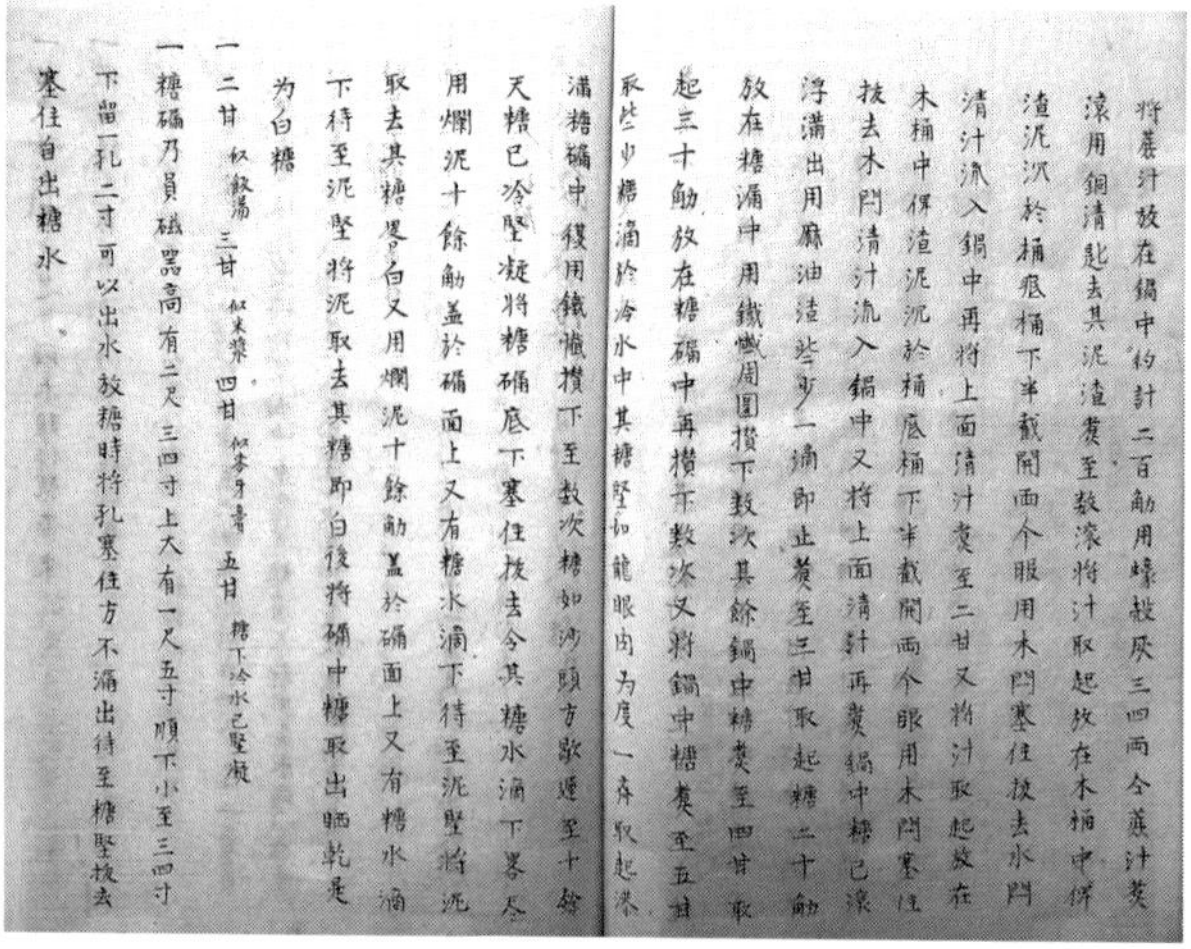

将蔗汁放在鍋中約計二百觔用蠔殻灰三四両令蔗汁煑
滾用銅清匙去其泥渣煑至数滾将汁取起放在木桶中俟
渣泥沉於桶底桶下半截開而个眼用木閂塞住拔去水閂
清汁流入鍋中再将上面清汁煑至二甘又将汁取起放在
木桶中俟渣泥沉於桶底桶下半截開而个眼用木閂塞住
拔去木閂清汁流入鍋中又将上面清汁再煑鍋中糖已滾
浮満出用麻油渣些少一滴即止煑至三甘取起糖二十觔
放在糖漏中用鐵鏾周圍攪下数次其餘鍋中糖煑至四甘取
起三十觔放在糖磂中再攪下数次又將鍋中糖煑至五甘
取些少糖滴於冷水中其糖堅如龍眼肉為度一齊取起添
満糖磂中後用鐵鏾攪下至数次糖如沙頭方歇遅至十餘
天糖已冷堅凝将糖磂底下塞住拔去令其糖水滴下晷冬
用爛泥十餘觔蓋於磂面上又有糖水滴下待至泥堅将泥
取去其糖略白又用爛泥十餘觔蓋於磂面上又有糖水滴
下待至泥堅将泥取去其糖即白後将磂中糖取出晒乾是
為白糖
一 二甘 似飲湯 三甘 似米漿 四甘 似麥牙膏 五甘 糖下冷水已堅硬
一 糖磂乃員磁器高有二尺三四寸上大有一尺五寸順下小至三四寸
下留一孔二寸可以出水放糖時将孔塞住方不漏出待至糖堅拔去
塞住自出糖水

写真１　李大衡が提出した白砂糖製法の写とされる書面
（『和漢寄文』国立公文書館所蔵）

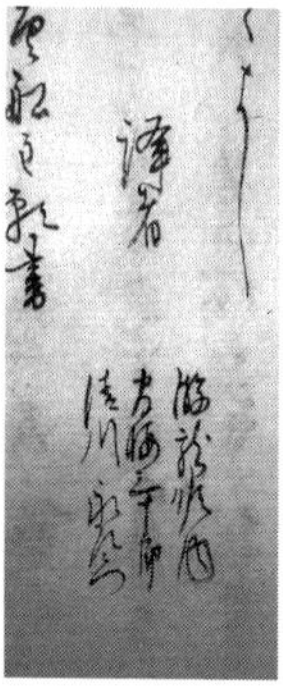

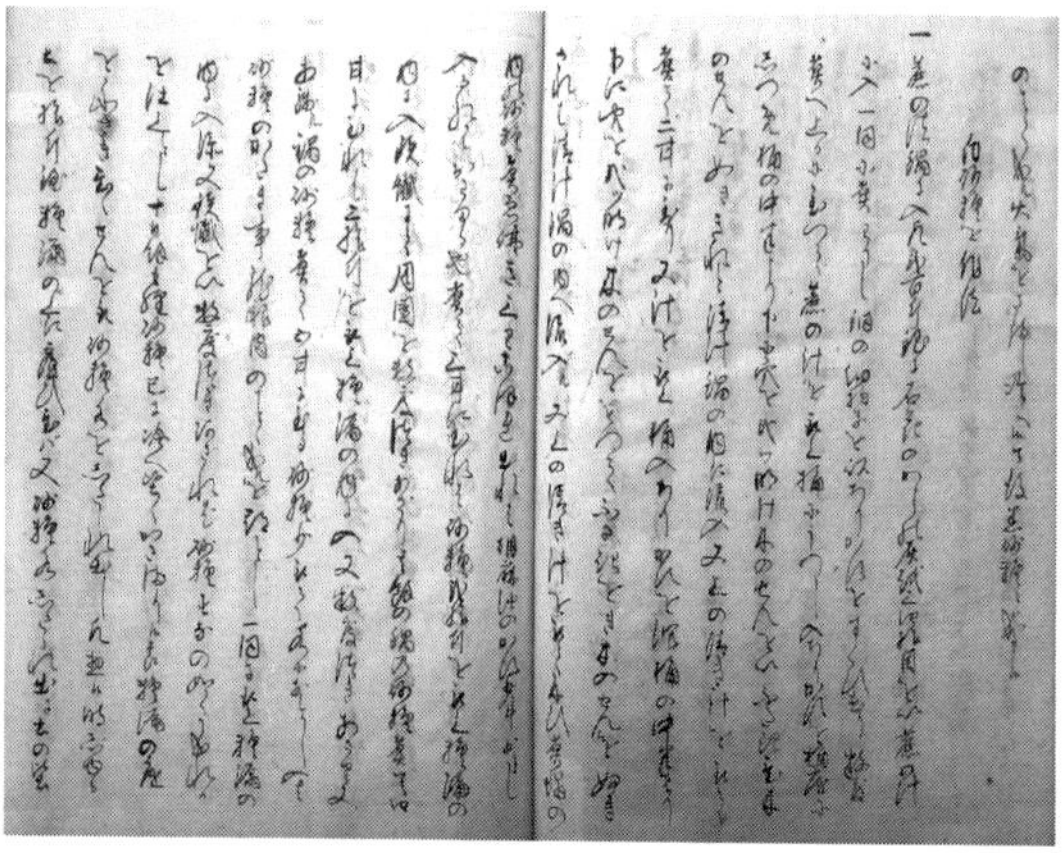

右：写真２　白砂糖製法の和解《わげ》（翻訳文）
左：写真３　日本語に訳した三名の名前がみえる。
（『和漢寄文』国立公文書館所蔵）

翻訳したのは、目付役であった游龍《うりゅう》順内（游龍雲藏）と、通詞の最高位である大通事の官梅《かんばい》三十郎、そして、最後に名前を連ねる清川《きよかわ》永左衛門は、享保十三（一七二八）年にベトナムから生きた象が献上され、長崎から吉宗のいる江戸まで、はるばる象と同道した唐通事であった。

では、大衡が提出した書付の内容をみていくことにしよう。少々長くなるが、中国語の原文を確認し、なるべく唐通事が翻訳した文章に沿いつつ紹介する。

◉黒砂糖の作り方

一、蔗〔サトウキビ〕には両種あり、一名は甘蔗、一名は竹蔗という。砂糖に〔なるように〕煮るには、竹蔗を上とし、甘蔗を次とする。

二、蔗は、二月に植え、蔗の末〔先端部分〕を地に挿し、こやしに糞水をかけること三～四度行い、十月に至って、高さ六～七尺になったら刈り取る。

三、石車を牛に引かせ、蔗の汁を搾り、この汁を鍋に入れ、およそ蔗の汁二〇〇斤〔一二〇キログラム〕に付石花のからの灰〔牡蠣貝の殻の灰〕を三〇～四〇目〔一一二・五～一五〇グラム〕ほど蔗の汁に入れ、一緒に煮る。

四、銅の網杓子で塵滓などをすくい去りながら煮、濃縮するに至って鍋の内の濃縮糖液がもし沸き上がって鍋から外へこぼれ出るときは、胡麻油の粕を少しばかり落とし入れれば、すぐおさまる。

五、鍋の中の濃縮糖液が熟したら、濃縮糖液を少し水に落とし入れ、それが固まるのをタイミングとし、一同に鍋から取り出し、簸《は》〔竹製の巨大な口径が広い駕籠様〕に入れ置き、木刀で数度混ぜれば砂の如くになる。火気をさまし冷えると黒砂糖になる。

黒砂糖の作り方は、第一部二章で紹介した現在の奄美大島での製法と大差はないといえる。

次に、白砂糖の製法をみてみよう。これが、逆円錐型の植木鉢のように底に穴の開いた容器〔左記六〕を使用して第一段階の分蜜を行い、さらに土を半固化している砂糖の上に乗せて第二段階の分蜜を行って白くする方法なのである。第一部一章で記した、現在日本で行われている和三盆の製造技術とは、全く異なる方法が記されているのだ。

●白砂糖の作り方

一、蔗〔サトウキビ〕の汁を鍋に入れ、およそ二〇〇斤程に石花のからの灰〔牡蠣貝の殻の灰〕を三〇～四〇目を蔗の汁に入れ、一緒に煮る。

二、銅の網杓子で塵滓をすくい取り、数度煮え上がったら鍋から取り上げて桶に移し、塵滓を桶の底に沈める。

三、桶は半分の高さより下に二つ穴を開け、〔桶に糖液を入れるときは穴を〕木の栓で塞いでおき、木の栓を抜いて、清汁を鍋の中に流し入れて、再び桶の上部の清い汁を煮る。

四、濃縮糖液が飯の取り湯のようになった頃を目安とする「二甘」になったら、また、濃縮糖液を鍋から取り上げて、半分より下に開けた穴を木の栓で塞いだ桶に入れ、塵滓を沈め、桶の木の栓を抜いて、清汁を鍋の中に流し入れ再び煮る。

五、鍋の中の濃縮糖液が煮え沸き上がり溢れ出るときは、胡麻油の滓を少しばかり入れればおさまる。

六、煮詰めて、米の糊のようになった頃を目安とする「三甘」になったら、濃縮糖液二〇斤を取り上げて、糖漏という、高さ二尺三〜四寸、円周一尺五寸の下細りの底が三〜四寸の丸い焼き物の底に、二寸の穴を開けた容器に、底の穴を塞いでこの濃縮糖液を入れ、鉄檝《てつざん》〔鉄製のヘラ〕で容器の周囲を数度突く。

七、鍋の中に残っている濃縮糖液をさらに煮詰め、地黄煎《じおうせん》〔漢方の強壮補血剤で粘性がある〕のような固さになった頃を目安とする「四甘」になったら、三〇斤を鍋から取り上げ、糖漏の中に入れ、鉄檝を使って周囲を数度突く。

八、鍋の中に残っている濃縮糖液をさらに煮て、濃縮糖液を少し取って水に落とし、龍眼肉〔中国南部からインドにかけてが原産地というライチに似た熟した果実を半乾燥したもの〕くらいの固さに固まるのを目安とする「五甘」になったら、鍋の中の濃縮糖液をすべて取り出して、糖漏の中に入れ、鉄檝を使って数度突けば、砂糖の結晶が現れてくる。

九、その後、一〇日余り経って砂糖がすでに冷えて固まったとき、糖漏の底を塞いでいた栓を取り、結晶の周りに存在する黒い蜜を滴り落とす。

一〇、黒い蜜がほぼ滴り尽きたとき、じゅる土〔水分を含んだ土〕を一〇斤ほど糖漏の上に覆い置くと、また蜜が滴れ落ちる。

一一、土が硬くなるのを待って、土を取り去ると、砂糖が少し白くなる。

一二、再びじゅる土を一〇斤ほど糖漏の上に覆い置くと、また蜜が滴り出る。

一三、土が硬くなるのを待って土を取り去ると、砂糖が白くなっている。

一四、その後、糖漏の中の砂糖を取り出し、干し乾かすと白砂糖になる。

白砂糖の作り方では、サトウキビのジュースを煮詰めるにしたがって、その濃縮度を「二甘」から「五甘」までの段階的なチェックを入念に行っている。そして、植木鉢のような容器に濃縮糖液を移し入れるときに、「三甘」から「五甘」までの濃縮度に分けて入れることに特色がある。黒砂糖の作り方には、ここまで段階的な濃縮度のチェックはみられない。

そして、この白砂糖の作り方は、「覆土法《ふくどほう》」と呼ばれる、水分を含んだ土を半固化状態の砂糖の上に乗せて黒い蜜を取り除く方法である。

◉宋應星『天工開物』からの情報

中国初の技術書、宋應星『天工開物《てんこうかいぶつ》』（崇禎十〔一六三七〕年頃成立、写真４は日本で一七七一年に出版された和刻本）の中に、土を使う覆土法による分蜜が記されている。図入りなので覆土法をイメージしやすい。しかも、この技術書は、吉宗時代以前に日本へ舶載されていることに注目したい。あの貝原益軒《かいばらえきけん》が元禄七（一六九四）年に記した『花譜《かふ》』の中でこの書が参考文献に挙げられており、それ以前には舶載されたと考えられるが、それがいつであったのかは定かではない。すなわちこの『天工開物』は、吉宗の時代に、砂糖生産を立ち上げようとしている情報収集者や研究者が確実に読んだと考えられるのである。

「はじめに」でも書いたが、「水分を含んだ土を使う!?」「白くするのに、土?」「逆に汚くなってしまうのでは?」と、私がびっくりした方法である。

江戸時代の享保年間にこの情報に接した日本人も、さぞかし驚いたに違いない。

写真４　底に小穴が開いている瓦溜を固定させ、黄泥水をかけている様子。宋應星『天工開物』は日本でも出版された。これは明和８（1771）年の訓点を施した和刻本(国立公文書館所蔵)

第二章　日本人が試みた砂糖製造の秘法

一、吉宗の薬種国産化政策と薩摩藩のサトウキビ

徳川八代将軍の吉宗が、砂糖の国産化を推進したことから本格的なサトウキビ栽培と砂糖製造法の調査・研究が始まった。本節では吉宗による薬種国産化策の一環であるサトウキビ栽培と、それに対する薩摩藩の関係について紹介する。

ここで、当時の日本の砂糖の状況についてみてみたい。

江戸時代中期まで、国内に供給される砂糖のほとんどは輸入品で、「薬種」として扱われており、莫大な金銀銅がその対価として支払われた。石見銀山や佐渡金山は、幕府が牛耳っていたが、鉱山に眠る金銀銅が無尽蔵にあるわけではなかった。

当時の輸入品は、砂糖ばかりではなかった。西洋医学の導入が進んでいなかったため、主な薬物は

薬草類であり、朝鮮人参や甘草などその多くも輸入に頼っていた。

◉御薬園の開設

幕府は、輸入に頼っていた薬種の国産化を目指し、その試植場として薬園の設置に着手した。寛永十五（一六三八）年には、早くも三代将軍・家光が、大塚御薬園と麻布御薬園を開設した。大塚御薬園は天和元（一六八一）年に廃止され、その後ほどなくして、貞享元（一六八四）年に麻布御薬園を小石川に移転した。これが小石川御薬園の始まりである。享保六（一七二一）年に、八代将軍・吉宗は、小石川御薬園を現在の小石川植物園とほぼ同じ面積の四万四八〇〇坪（一四七・八四〇平方メートル）に拡大した。

この小石川御薬園拡大の際には、江戸城内の吹上御庭をはじめ、京都御薬園や長崎からも、植え付けのための薬種の種や根などが届けられ移植された。国内で産出する薬物や有用品の探索と採取を行う採薬使として各地へ赴いた丹羽正伯《にわしょうはく》や植村左平次からのものもある。また、薩摩藩主・松平大隅守が、享保七（一七二二）年に甘味がありライチに似た果実で、鎮静・滋養強壮薬になる「生竜眼肉《りゅうがんにく》　六升程」を、享保八（一七二三）年にはミカン科シトラス属の「真枳殻《きこく》　四十」を献上している。

薬園の運営は、幕府領のみならず、各藩領や旗本知行地、寺社知行地などでも推奨された。島津藩領最古の薬園とされる鹿児島県揖宿《いぶすき》郡山川町の山川薬園跡には、竜眼の木が残っている。松平大隅守が生竜眼肉を献上したのもうなずける話である。

◉幕府に協力した薩摩藩

『仰高録《ぎょうこうろく》』という史料に、享保十二（一七二七）年に、薩摩藩の家臣である落合孫右衛門という人物が、サトウキビの植え方などのことを申し出て、幕府が管理している浜御殿（現在の浜離宮）でサトウキビを作ったとある。

この落合孫右衛門という名前が、第一部二章でも述べた薩摩藩から奄美大島へ派遣された「黍検者」の中にいないかと探してみたが、見つからなかった。そこで、薩摩藩士名簿の類に名前がでてこないかと探した。名簿ではないが、かつて江戸の芝、皿子町にあった大円寺所蔵の過去帳「薩陽過去牒」の中に、落合孫右衛門の名を見つけた。「薩陽過去牒」は、主として明暦三（一六五七）年の振袖火事以後の薩摩藩出身者の過去帳である。

過去帳なので、日付順で、その日付の中では、年号が若い順に、順次書き加えられている。三日のところに、「天明六丙午八月 中小姓 落合孫右衛門 證道祖卯居士」と、落合孫右衛門の名前が見える。

薩摩藩というと、黒砂糖製造の独占販売というイメージがあるが、まだこの頃は、薬草や砂糖の「日本国を挙げて」の国産化へ向けて、幕府に協力する姿勢があったのではないだろうか。

◉日本渡来のサトウキビの品種は？

では、浜御殿へ植えられたサトウキビの品種はどのようなものであったのか？

サトウキビという植物は、米と同じイネ科であるが、苗作りのように籾《もみ》を種《たね》として蒔くわけではない。「種」というと、丸みを帯びた形状の実をイメージするが、サトウキビの場合は、棒状の茎が「種」である（写真1）。また、土の中の根株も「種」になる。

享保七（一七二二）年には幕府の医官となり、薬草の調査・研究を行っていた丹羽正伯は、享保二十（一七三五）年に各藩の江戸留守居を呼び寄せ、各領内の産物の調査を要請し、絵図付きの『産物帳』を三年間で提出するように通達した。各領から四、五冊として、二〇〇～三〇〇領からとすると、優に一〇〇〇冊を超える日本初の産物帳である。しかし、幕府の文書を引き継いだ国立国会図書館や国立公文書館内閣文庫には、この一大『産物帳』が納められていないという。どこへ消えたかは謎である。しかし、提出する藩は、控えをとっているはずなので、それが、部分的に

写真１　奄美大島の大和村にあるきびの里　琴平パークに、サトウキビが植えられている。サトウキビの茎を、節を２カ所くらい入れて20～30cmほどに切り、挿すようにして植える

残っている藩もある。

そこで、薩摩藩の産物帳に、サトウキビが描かれていないかと考えた。

この頃、薩摩藩は日向国、大隅国、薩摩国を領しており、それらの国の産物帳の控えの一部が伝存している。

砂糖生産に成功していた奄美大島、喜界島、徳之島などは、薩摩国領だったので、サトウキビが描かれていても不思議ではないのだが、残念ながら、薩摩国の分は、本文を欠いており絵図だけが残っているものの、落丁があるので、幕府へ提出した産物帳にサトウキビが載せられていたのか否かわからない。

しかし、産物帳を作成するにあたって、薩摩藩の江戸留守居が、丹羽正伯に伺いをたてたときの記録が残っている。それによると、琉球の産物は除外していいこと、また琉球から渡来して領内で生育している産物も除外していいとの返答であった。したがって、奄美諸島に琉球から移植されたサトウキビは、そもそも描かれていなかった可能性が高い。

この産物帳の提出から約三〇年後の明和五（一七六八）年、薩摩藩主・島津重豪は、薩南諸島の動・植物の標本の採取と提出を求めた。二年後の明和七（一七七〇）年に、集められた植物の標本は、本草学者で医師の本章第五節で取り上げる田村元雄（このときは坂上登名を使用している）へ渡され、漢名との同定や解説が田村に依頼された。同年、『琉球産物志』として、彩色図と注記付きの一五巻附録三巻の計一八巻としてまとめられた。「琉球」と題するものの、主な産地は奄美大島（琉球大島）とされ、他に硫黄島、トカラ島、薩摩などで、約七三〇品所収の薩南諸島の植物誌である。このなかに、サトウキビがあったのだ。「荻蔗」と「崑崙蔗《こんろんしょ》」という名前で、二種類が描かれている（写真２・３）。

「荻蔗」の注記には、「登按、茎高八九尺、其葉長三尺計、笮茎汁煎錬為沙餹有術　琉球土名沙餹絵岐昆」とあり、茎を搾って汁を煎じて砂糖にする方法があるとしている。

一方「崑崙蔗」の注記には、「本草載蔗有赤色者名崑崙蔗、登按比荻蔗其茎葉寛大而赤色多節　琉球土名真荻、薩州種島方言紫黍草」とあって、中国の薬学

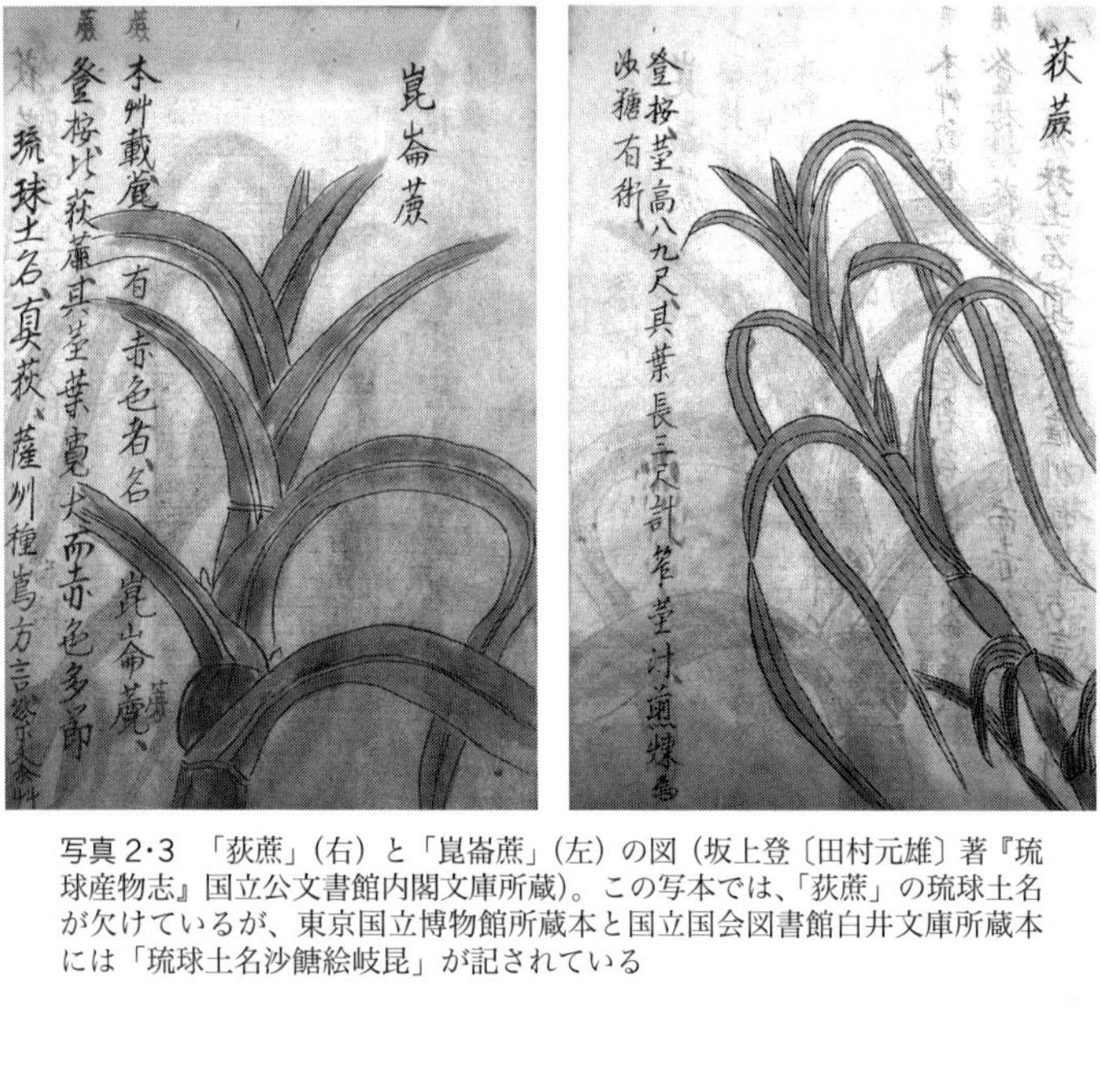

写真２·３　「荻蔗」（右）と「崑崙蔗」（左）の図（坂上登〔田村元雄〕著『琉球産物志』国立公文書館内閣文庫所蔵）。この写本では、「荻蔗」の琉球土名が欠けているが、東京国立博物館所蔵本と国立国会図書館白井文庫所蔵本には「琉球土名沙餹絵岐昆」が記されている

書『本草綱目』に、赤い色があるのは崑崙蔗と名があることが紹介され、荻蔗よりも茎と葉が大きく、節に赤色が多いという特徴が記されている。

享保年間に浜御殿へ試植されたのは、両種のサトウキビ、あるいは一方のサトウキビではなかったか!?

当時のサトウキビが現存していない今、彩色図によって、江戸へ試植されたサトウキビの姿を想像するしか術はないが、それでも描かれたものが残っていてよかった。

この頃の薬草・本草・産物学を推進、研究された先人らへ、頭が下がる思いである。

二、吉宗時代のサトウキビのその後

前節では、八代将軍・吉宗が砂糖の国産化を目指したため、薩摩藩士が浜御殿で、サトウキビの栽培を実践したことを書いた。

では、そのサトウキビは、どうなったのか。

◉享保年間の薬園拡大政策

享保年間には、砂糖のみならずさまざまな薬種の国産化を図った幕府は、享保五（一七二〇）年に駒場薬園の新設、享保六（一七二一）年に小石川薬園の拡大、そして、享保七（一七二二）年に江戸近郊の千葉県へも、それらを試植・栽培・増殖するための薬園を造設した。本節の舞台は、千葉県の薬園である。

なんと、当時の幕府は、千葉県に三〇万坪の薬園を作ったのである。小石川薬園が四万四八〇〇坪なので、約六・七倍の広さである。この薬園の管理者の一人は、前節でも名前が出てきた丹羽正伯であった。

丹羽正伯は、元々は紀州の医者の出であったが、享保三年に江戸に出て町医者をする傍ら、享保五（一七二〇）年から、幕府の採薬使として各地へ赴いて、薬となる有用な動植物の調査を行った。そして、幕府の奥医師並として三〇人扶持を与えられて医官として登用されたのが享保七年四月一日のこと。その三日後の四月四日には、下総国千葉郡小金野瀧台野（現在の船橋市薬園台）の薬園一五万坪の管理・運営を任されている。

そして、もう一人、同時にこの薬園の別の一五万坪を任されたのは、江戸の薬種商であった桐山太右衛門という人物であった。享保五年五月には、日光・箱根・信州木曽方面へ、享保六年三月には山城・丹波・但馬・丹後・若狭・飛騨・近江へ、同年七月には陸奥・出羽・常陸へ、何度か正伯に同道して、採薬に赴いている。

◉和薬改会所策

幕府は享保六（一七二一）年から設立準備を進めていた国産薬種の普及を目的とした和薬の検査機関である和薬改会所を、正伯、太右衛門に小金野薬園の管理・運営を任せた直後の享保七（一七二二）年六月に江戸に開設した。

薬草といっても、雑草とどう見分けることが出来るか、その辺の草を「薬草」といってもわかる人が少ない時代のことである。また、動物や鉱物にも薬種になったものがあったが、同様に相当な知識と鑑識眼がなければ、偽薬を見分けることが出来ない。だからこそ、マガイモノが流通しないように、和薬の仕入れを独占して、統括・チェックする機関である和薬改会所が必要とされた。

その和薬改会所は、江戸の二四の薬種問屋と、太右衛門が運営することになった。統括者が正伯で、責任者が太右衛門である。正伯は、太右衛門のことを、「近年御用ニ付国々入いたし、薬草見覚、其上生薬・おし葉共有之間」と称している。太右衛門は秀でた鑑識眼を持っていたことを窺わせる言葉である。このように、正伯と太右衛門は、薬種の国産化を進めていく上で、この時代を担う名コンビだった。

◉下総国の薬園に浜御殿のサトウキビを移植

この正伯と太右衛門が管理・運営する下総国の薬園に、享保十六（一七三一）年に浜御殿のサトウキビを移植するということになったのである。

浜御殿にサトウキビを植え付けたのが享保十二（一七二七）年のこと。享保十四（一七二九）年には栽培したサトウキビから砂糖の試作にこぎつけた模様で、その二年後の享保十六年には、黒砂糖が出来るに至った。

黒砂糖を試作するには、サトウキビの茎が大量に必要となる。サトウキビの栽培が順調に進み、「種」を殖やし、さらに黒砂糖を試作製造するまでに、江戸の地で一応成功したものと考えられる。

◉浜御殿での砂糖製造法

正伯の著作である『九淵遺珠《きゅうえんいしゅ》』（西尾市岩瀬文庫および武田科学振興財団・杏雨書屋所蔵）によると、浜御殿のサトウキビの「種」を下賜されることになった正伯は、浜御殿の最高責任者の奉行、石丸定右衛門から書付を受け取った。これには、栽培法を記した「砂糖柜《きび》作り様」、砂糖の作り方を記した「同 拵《こしらえ》様」、サトウキビの茎を「種」としてその保存法を記した「同苗囲《なえかこい》様」が記されていた。いわゆるマニュアルである。幕府は、第一章三節でみたように、中国の商船から砂糖製造法の書付を提出させてもいたが、これは実際に浜御殿で試作された方法とみていいだろう。

「砂糖柜作り様」とあるその栽培法は、サトウキビの茎を「種」にする、現代と同じ方法である。

一、畑を耕し、土を細かくして、畦巾を三尺余り、間も三尺ほどにして土が三寸ほどかかるように植える。ただし、「種」となるサトウキビの茎は、一節に芽が一つならば、芽が上になるように、二節に芽が二つあれば、芽が脇になるように植える。

二、土の上に芽が四～五寸伸び出たら、段々伸びるように、根の脇に土を寄せて、土の中の節々から芽が出て株が多く出るようにする。

三、芽が四～五寸ほど伸び出てから、土用前までに三度ほど、サトウキビの茎の廻りを深さ二寸位掘出し、肥《こえ》を入れる。干鰯《ほしか》などを水に入れてかけてもよい。もちろん、土地によるサトウキビの出来の様子次第で施肥を調節する。

砂糖の作り方は、

一、サトウキビの実入り次第で、十月初めから霜がかからない間に刈り取って搾るのがよい。

二、土際よりサトウキビを刈り取り、先端の実入りが良くないところは切る。

三、枌葉《そぎは》を取り、節々をこそげ、よく洗って水気が残らないように拭いて、轆轤《ろくろ》で搾り、ジュースを釜に入れて煎じる。

四、釜は二つでも三つでも、ジュースが煮詰まるにしたがって、釜一つに移し入れ、だんだん沸いてくるようにする。

五、初めは火を強くし、煎じ詰まるにしたがって火を細くする。

六、煎じ詰まって、泡が大きく煮上がったとき、ジュース一升につき石灰一分二厘ほどのつもりで〔釜に〕入れ火を細くし、杓子でかき回し、泡の穴が凹みのように煮上がったとき、茶碗などに水を入れ、その中に濃縮糖液を少し入れてみて、水の中で玉になったときに、桶に移して冷ます。

これは、黒砂糖の製法とみていいだろう。
最後は、「種」にするサトウキビの茎の保存法である。

一、霜が降りないうちに、切山でも土手でも南向きの日当たりの良いところに、横に穴を掘り、穴の中の下にも脇にも藁《わら》や籾糠《もみぬか》を置き、サトウキビの茎を一本ずつ並べて置き、また藁や糠などを置き、同様にだんだん並べ、穴の口は土で堅く塞ぎ、雨水を通さないように上へも肥などを掛けておく。

二、三月上旬にこれを取り出し、〔サトウキビの茎から出る〕芽の勢いによって一節または二節入る長さに切り、植え付ける。

以上が栽培および「種」の保存法と、江戸の地である幕府の浜御殿で試作の成功をみた黒砂糖の製法である。

●桐山太右衛門と桐山三了

話を下総国の小金野薬園に戻すと、最初からこの薬園に浜御殿のサトウキビを移植するという話ではなかった。そもそも、桐山三了という人物が、浜御殿のサトウキビを移植して、世に広めるように幕府から言い渡されたのだが、三了は、植え付ける土地を持っていないので、太右衛門が持っている下総国のこの薬園に植え付けることになった。正伯と各地へ採薬に出かけた太右衛門は、享保十一（一七二六）年三月二十日に亡くなっており、「息子の桐山太右衛門」が薬園を引き継いだとみられ、サトウキビ移植の担当となった。同じ名前を代々継承するのでややこしいのだが、享保時代には、親の桐山太右衛門と子である桐山太右衛門がいたのである。

この薬園は、現在の千葉県船橋市の新京成線の薬園台駅付近にあった。駅名が「薬園台」というのは、かつて薬園があったことから名づけられている。

ここに、親である太右衛門の墓碑がある（写真１）。

享保十一丙午歳　五十歳死
観草軒　法随元哲
三月二十日　桐山太右衛門

墓に記されているように、享保十一（一七二六）年三月二十日に、親の太右衛門は、五十歳で亡くなっている。

写真１　桐山太右衛門の墓碑

写真２　桐山太右衛門らの墓碑を桐山三了が建立した

戒名に「觀草」という字が入っているのが、薬草に詳しかった太右衛門らしい。墓碑の別の側面には（写真２）、

享保十一丙午歳　　造立之

十一月廿日　桐山三了

と、親の太右衛門が亡くなった年の十一月に、幕府から、浜御殿のサトウキビを世に広めるために白羽の矢が立った三了が、桐山家の墓碑を建立したことが刻まれている。

時代は下るが、薬種店主として桐山三了の名が、文政七（一八二四）年刊行の『江戸買物独案内《えどかいものひとりあんない》』の中にみえる。『江戸買物独案内』は、江戸市内の地理に不案内の人のための、ショッピングガイドブックの類である。三了は、見開き二頁に渡って薬種店の広告を載せている。

以下は、その頁である（写真３・４）。

江戸御製薬店元祖

六味

地黄丸

八味

室町三丁目浮世小路角
本家　桐山三了
　　地黄丸功傳
私店元祖より二百年来余製薬仕候、
就中、地黄丸の義ハ、
（中略）
和漢蠻船薬數品
丸散丹圓湯香具品々
室町三丁目浮世小路角
本家　　桐山三了

これによれば、三了の店は、江戸の製薬店の元祖であり、二〇〇年以上前から製薬を行っていたとしている。

今は、薬園台の駅界隈には薬園の面影は全くないが、サトウキビを増殖して、普及させる黎明期を歩んだこの地に立つと、感慨深いものがある。

写真３　江戸の製薬店の元祖としている（『江戸買物独案内』）

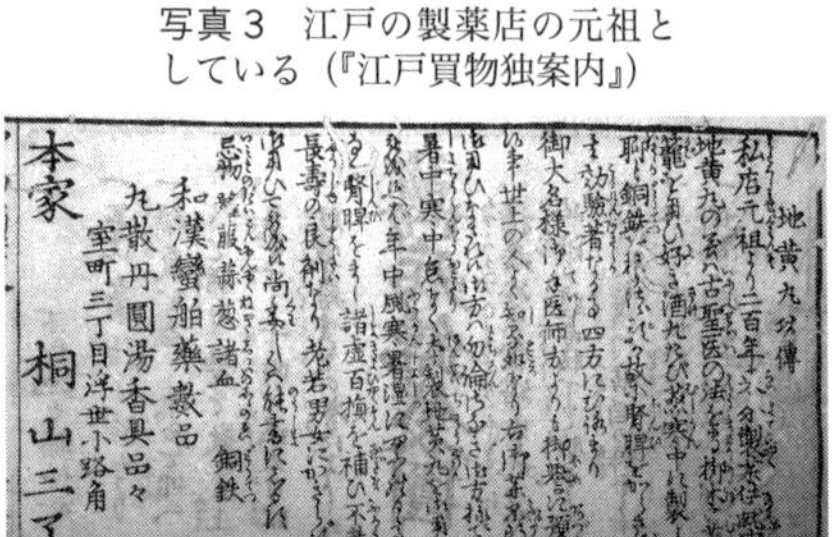

写真４　桐山三了の店は 200 年余り製薬に従事していたと記されている（『江戸買物独案内』）

三、幕府の役人も伝授を受けた長府藩の砂糖製法

吉宗の時代の享保年間（一七一六〜三六）から少しして、地方の庄屋クラスの農民で、砂糖の生産に乗り出す人々が現れていた。幕府が砂糖製造法の研究を続ける一方で、地方では独自の砂糖製法の研究がなされていたのだ。次に、幕府の役人がわざわざ江戸から長府藩領に出向いて伝授を受けたという製造法について紹介する。

◉幕府が役人を派遣

長府藩《ちょうふ》は、萩藩（長州藩）の支藩で、現在の山口県下関市の辺りになる。

長府藩は和砂糖の製造に成功し、大坂の菓子屋などから買い取りたいという要請を取り付けた。そこで長府藩は、宝暦六（一七五六）年六月に、藩主毛利文之助の名で、大坂で和砂糖一万斤を販売したい旨を幕府に伺いを立てた。一万斤というと、一斤が六〇〇グラムとすると、実に六トンもの砂糖である。

この伺いを受けて幕府は、吹上御庭の砂糖製作技術者を長府藩領へ派遣するので製法を伝授してほしいと、同年八月、逆に長府藩に通達してきた。江戸城吹上や浜御殿で行われていた幕府による砂糖製造は、宝暦年間にはまだ商品化レベルの域には達していなかった模様である。

一方で、一万斤もの砂糖を販売するというのは、「密貿易による抜け荷では？」と、その可能性を幕府が疑ったようである。この頃に流通していた砂糖は、唐船とオランダ船が長崎に船載してくる輸入砂糖と、薩摩藩ルートの奄美大島・徳之島・喜界島・琉球産などの黒砂糖だったので、海に面している長府藩は、唐船による密貿易を疑われたとみられる。

幕府から派遣されたのは、実際に技術伝授を受ける吹上奉行支配の岡田丈助と池永軍八、そして差し添えとして、御陸目付組頭の伴勘七郎、御陸目付の田口八郎右衛門、御小人《おこびと》目付の持田只七と瀧又四郎の目付職の人間だった。また、長府藩の宗藩である萩藩からも、江戸在住の御小納戸《おこなんど》役人である上野市右衛門が付け周り役として、幕府方と同道した。

幕府方は、宝暦六（一七五六）年九月三日から翌年四月十日まで、約七カ月もの間長府藩領に滞在し、サトウキビ畑の実地見分を行い、かつ砂糖製法を伝授された。

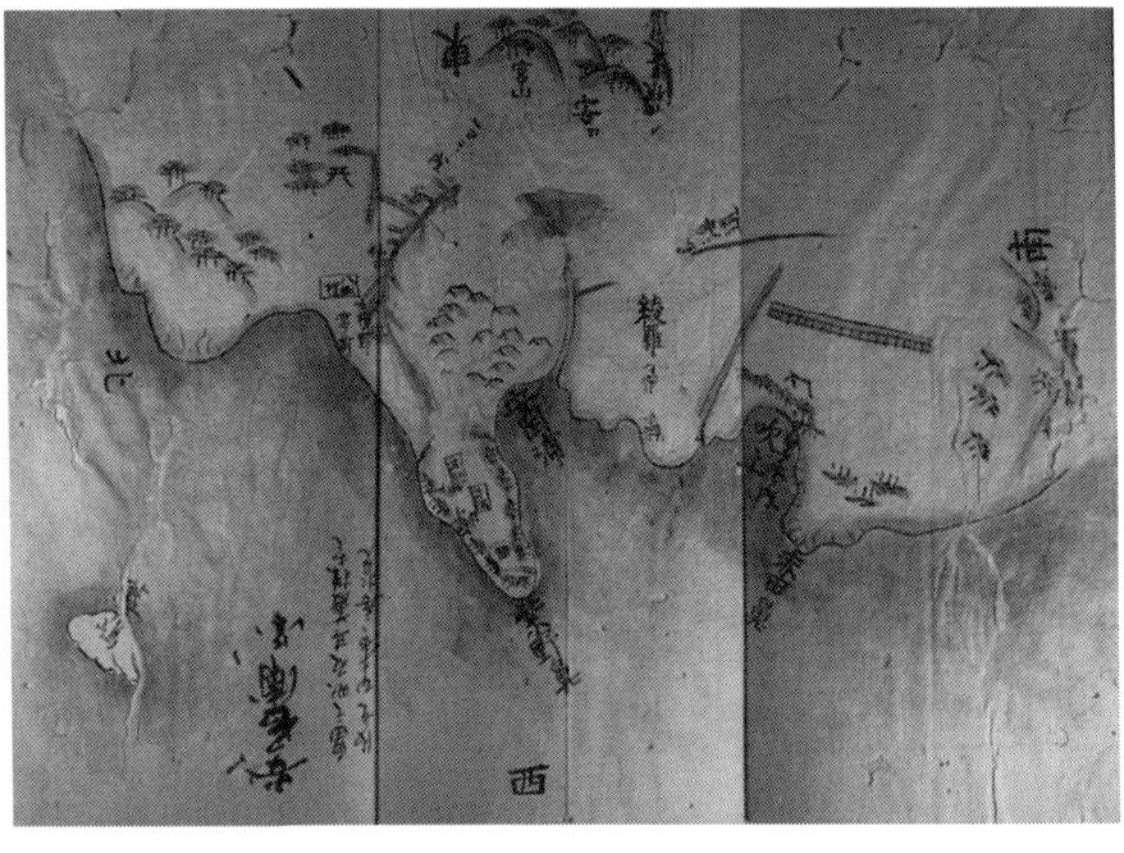

写真１　宝暦６年に、幕府の御家人らが滞在した長府藩の領地、安岡浦の絵図。現在の下関市の北部に当たり、関門海峡の北東の響灘に面した沿岸部（『長府御領砂糖製作一件』〔山口県文書館所蔵〕より）

伝授にあたったのは、安岡浦という地（写真１）の大庄屋である内田屋孫右衛門と弟の吉大夫で、三男である独嘯庵《どくしょうあん》は山脇東洋に弟子入りした医師でもあった。新しい砂糖事業への挑戦の陰には、農民であっても大庄屋という階層ならではの資金力があったことは、想像に難くない。

見分と伝授の経過は、これに立ち会った萩藩の『長府御領砂糖製作一件』（山口県文書館所蔵）（以下『一件』と記す）にまとめられている。

◉見取り図からみる砂糖製作所の概要

まず、内田屋方の砂糖製作所の見取り図からみていくことにしよう（写真２）。

道に面して砂糖製作所が設けられている。道に面した門から入ると、そこにはサトウキビの茎を圧搾する三本のローラー式圧搾機と思われる「〆道具」が描かれている。圧搾場が、サトウキビの茎を運搬してきてすぐの場所の屋外に設置されているのは、製作工程から考えて、無駄のな

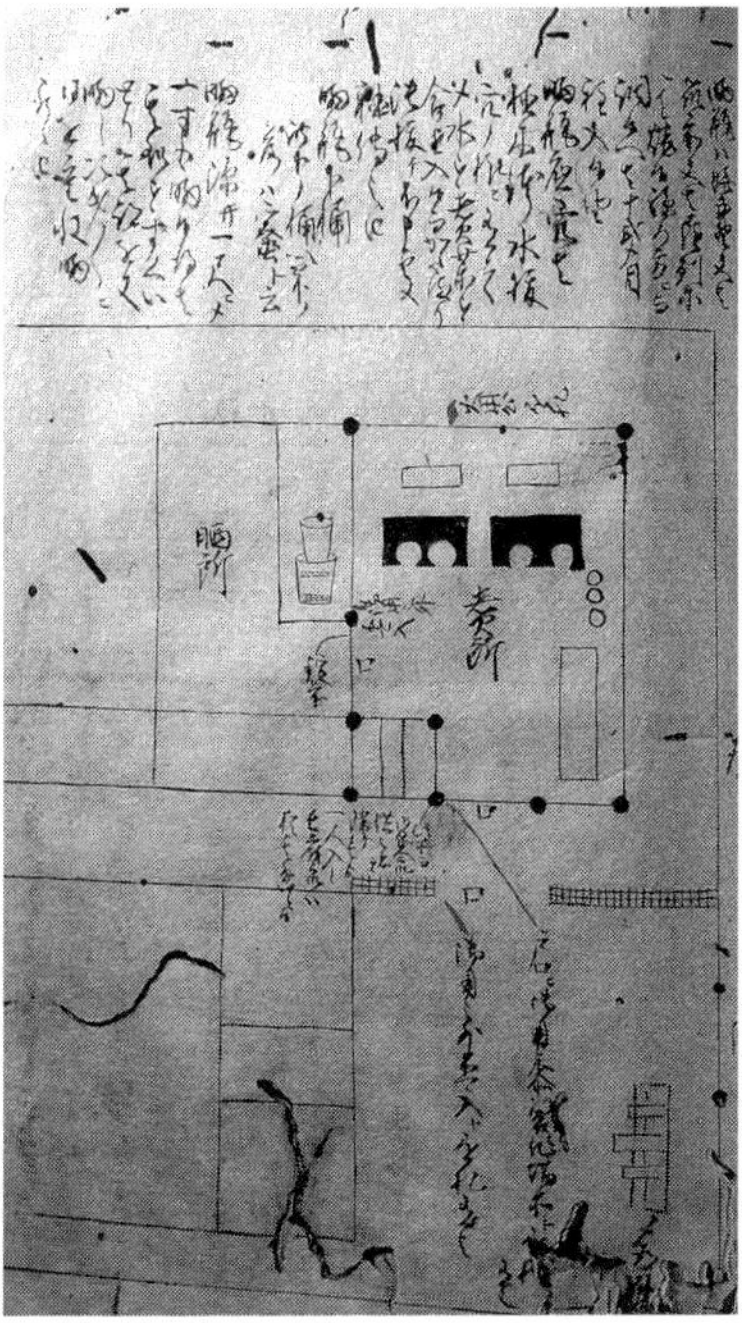

写真２　宝暦６年、安岡浦の大庄屋である内田屋孫右衛門家の砂糖製作場の図（『長府御領砂糖製作一件』〔山口県文書館所蔵〕より）

い動線といえよう。

圧搾場から「煮所」へ入る戸口には、「御用黍製作場所」と掛札がかけられていて、「煮所」と「晒所」は、建物の中にある。

「煮所」には、鍋を二つかけることが出来る竈が二組描かれている。萩藩の付け周り役の上野市右衛門が見た記録では、平釜が四つで、その釜の上には、煮こぼれないように底のない甑《こしき》（古代中国を発祥とする米などを蒸すための土器）のような井がわを置くとしている。

「煮所」から「晒所」に入るところには、「御用の他入るべからず」と記され、錠前がかけられていて、製法を秘匿しようとしていたことが窺われる。

「晒所」には、桶の上に102頁の『物類品隲《ぶつるいひんしつ》』に描かれているのと同じような「晒瓶」が設置されている様子が認められる（写真3）。

では、どんな砂糖製造法を伝授されたのか？

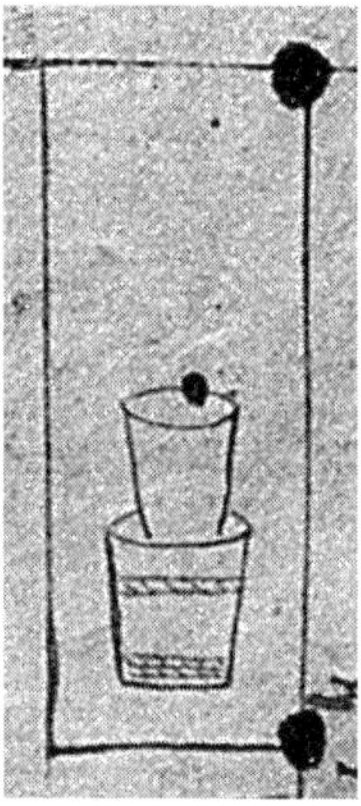

写真３　写真２の部分図。桶の上に「晒瓶」が置いてある

◉砂糖の名称

『一件』には、砂糖の種類を示す言葉として、「黒砂糖」「並砂糖」「臼砂糖」「白砂糖」「上砂糖」「大白」「三品」「三盆」「銀砂糖」「氷砂糖」「蜜」「蜜之黒砂糖」「唐砂糖」「向砂糖」「渡り砂糖」「常之砂糖」「買

砂糖」「和砂糖」と、実に多くの語が出現している。『一件』は、多くの人物による聞き書きや文書などであるので、同一種類でも、人によって異なって使用されている名称もあると考えられる。

それにしても、出現する砂糖の名称が多いのに驚いた。少し整理すると、「和砂糖」は、国内で生産された砂糖の総称として使われ、「唐砂糖」「向砂糖」「渡り砂糖」「常之砂糖」「買砂糖」は、唐船やオランダ船などによって輸入された砂糖か、薩摩藩ルートの黒砂糖を指していると考えられる。

これらの表現以外は、基本的には砂糖自体の色や状態、そして品質から名付けられた名称であると考えることが出来る。

◉黒砂糖を作ってから「臼砂糖」を作るのではない

江戸より派遣された萩藩の上野市右衛門と、長府藩内で実際に砂糖を製作していた内田屋孫右衛門による問答から、大まかではあるが、砂糖の違いがわかる。

一、「黒砂糖」を作ってから、「白砂糖」を作るのではなく、まず「並砂糖」を作る。煮始めは黒いが、それを晒して、白目の「並砂糖」を作る。十一月にサトウキビを刈り取って圧搾し、二〇日間かけて「並砂糖」を作る。

二、「並砂糖」から「大白」、その「大白」から「臼砂糖」を作るのではなく、「並砂糖」から「臼砂糖」を作る。はじめから「臼砂糖」を作るのではない。そして翌年の三、四月までかかって「臼砂糖」

を作る。

三、「大白」と「臼砂糖」は、様相が異なり、「臼砂糖」が極上品である。

四、「並砂糖」から「氷砂糖」を作ることが出来るが、「臼砂糖」とは、その様相が格段に違う。

幕府方が伝授された砂糖の名は、内田屋兄弟が、「並砂糖」と「臼砂糖」と呼ぶ砂糖であった。製法を知ることによって、その様相が初めてわかるといっていいが、この史料の中に、特に「並砂糖之作り方」や「臼砂糖之作り方」などという項目はないので、膨大な文中から読み取る他はない。

◉「並砂糖」の作り方を読み取る

では、まず、「並砂糖」の製法を読み取ることとしよう。この「並砂糖」の作り方は二、三通りあったという。

・「並砂糖」第一の製法

先に見た製作場の図の上部に製法の概要（写真２の上部）が記述されている箇所があり、この製法が「並砂糖」の第一の方法であったのではないかと考える。その製法は以下のとおりである。

一、「晒瓶」は嬉野か筑前か尾州にて焼き、一二貫目（約四五キログラム）入りである。

二、「晒瓶」の底には、植木鉢の水が抜けるような穴が開いており、圧搾したサトウキビジュースを煎じて、薬を入れ、「晒瓶」へ入れると固まる。
三、「晒瓶」の下の桶に落ちる雫は、蜜という。
四、「晒瓶」の深さは一尺で、一寸晒してはその部分をすくい取って、その跡を又晒し、それを繰り返して日を重ね、晒し取る。

二と三は、サトウキビのジュースを煎じた濃縮糖液を底の穴を塞いだ上で「晒瓶」へ入れて、部分的に結晶化して固化するのを待ち、その後、「晒瓶」の底の穴に詰めた栓を取り除いて、結晶の周りに存在している蜜が、重力によって下に落ちるのを待つことを表していると考える。その結果、蜜に含まれている黒色成分も下に落ち、「黒砂糖」よりも黒味が少ない砂糖の固まりが「晒瓶」内で出来上がる。

四の工程は、「晒瓶」の中で固化している砂糖の上部表面に土を置いて、砂糖の表面付近の分蜜された砂糖をすくい取り、その跡にまた土を乗せて「覆土法《ふくどほう》」を行って、またすくい取り、これを繰り返し行って「晒瓶」内の砂糖をすべて取り出すと解釈出来る。さらに、「すくい」という表現から、まだ湿り気を帯びていた状態であったことが考えられる。

「晒所」には、素焼きの「晒瓶」の他に、一〇斤晒し、八斤晒しという器物が沢山あることを市右衛門は観察している。上部から徐々にすくい取った砂糖を入れた器物を指しているのではないだろうか。一二貫目入りで、高さが一尺の「晒瓶」に入っている砂糖を、上からすくうと、おおよそ一〇斤

（六キログラム）、八斤（四・八キログラム）と底辺部にいくにしたがって、すくい取った砂糖が少なくなっていくので、その器物ではないかと考えられるのだ。

この場合の砂糖は、小さな塊状か砂状であったと考えられる。

このように土を載せて砂糖を白くする「覆土法」を施して、「晒瓶」の中の砂糖を分蜜させては取り出していく方法が、「並砂糖」製作の一つの方法であった。

・「並砂糖」第二の方法

「並砂糖」の第二の製法は、「晒瓶」内に存在する蜜が重力によって下に落ちるのをある程度待ってから、固化している砂糖の上部表面に最低一度土を載せて「覆土法」を施す方法である。これは、閏十一月四日に、「並砂糖」の見分が行われたときに、土を取り除く様子が観察されているので、「覆土法」が明らかに一度は行われていたことを示している。このときは、「晒瓶」の中に入っている状態の砂糖を見分しているが、その後、「干立」と「せり立」という表現があるので、「晒瓶」の中から、固化している逆円錐状の砂糖の塊を取り出して、壺などの上に差し込むように置くか、または何か固定する補助具を使用して逆円錐状の砂糖を固定させて、立てて干したと考えられる。

この場合の「並砂糖」は、大きな逆円錐状の砂糖の塊のままであったと考えられる。

確認出来る「並砂糖」の様相は右記二点であるが、「黒砂糖」とは違って、分蜜が促進された砂糖と言うことが出来よう。

◉「臼砂糖」製法を読み取る

「臼砂糖」作りには、翌年の四月までかかった。「臼砂糖」の作り方について、具体的な記述はないが、十月に「買砂糖」から実験的に「臼砂糖」を作ることを記した記事によると、その購入した砂糖を煎じて「晒瓶」へ入れている。すなわち、「臼砂糖」作りには、「晒瓶」での固化を図ることが不可欠であったことが窺われる。

そして、「臼砂糖」作り用の土を見分している記事があるので、「臼砂糖」作りにも土を使う「覆土法」が行われていた。

「臼砂糖」に使用される「臼」の呼称は、砂糖の形状に由来すると思われる。「晒瓶」の底は、植木鉢のように穴が開いており、濃縮糖液を入れる前に藁などで穴を塞いだとしても、底が密閉されているわけではないので、半固化状態の上部中央部が陥没して凹状になることが考えられる。その形状から「臼」という表現が生まれたのではないかと考える。

孫右衛門の弟吉大夫は、およそ「並砂糖」二〇斤から四斤の「臼砂糖」が一つ出来ると話している。このことより、逆円錐状に固化している砂糖のうち、上部五分の一が「臼砂糖」となると解釈出来ないだろうか。

また、臼の大きさは好み次第になると吉大夫は話しており、「晒瓶」に入れる濃縮糖液の量が少なければ、全体が小さな逆円錐状で固化した砂糖の塊となり、臼状の上部も小さくなることが考えられる。

幕府方は、四月七日までかけて、晒し上げている。そして、最終的に幕府方が得た「臼砂糖」は、「一臼十三四斤程」であった。先の「並砂糖」二〇斤から四斤の臼が一つ出来る記事に比べて、かなり大きな「臼砂糖」を約五カ月かけて作ったことが確認される。「晒瓶」の大きさが、一二貫（約四五キログラム）入るので、「晒瓶」の上まで満たすように濃縮糖液を入れると、一三〜一四斤は七・八キログラム〜八・四キログラムなので、ちょうど上部の約五分の一が「臼砂糖」になったと考えられる。

◉「覆土法」に用いた土について

内田屋兄弟が分蜜法として用いた「覆土法」は、「並砂糖」および「臼砂糖」の製作工程で確認したが、使用された土について、「並砂糖」用の土と、「臼砂糖」用の土が同じであったのか否かは不明である。また、どのような土であるのか、土の色についても具体的には記されていない。しかし、わざわざ見分したことから類推すると、特別な土であったと考えられる。

そして、「並砂糖」作りの過程の頃にあたる閏十一月一日の市右衛門による観察記事によると、「土がまだ乾いていない分（傍点筆者）」という表現があるので、水分を含んだ土を乗せていたのは確かである。しかし、水分量の目安となるような表現はない。

また、吉大夫の言葉で、三月四月までに至らずに、早く晒すと、減目が多いと答えている箇所がある。これは、水分を多くふくんだ土で何回も短い期間に「覆土法」を行うと、その水分がどんどん落ちていくことになるので、黒色成分を含む蜜のみならず、ショ糖の結晶分も溶解してしまうことを示していると考えられる。

◉乾いた土が黒い蜜を吸い取っていた⁉

次に、「覆土法」の効果について、この史料から新たな知見を得た観察記録があるので、それを紹介したい。

先の閏十一月一日の市右衛門の観察記事に、「土へ蜜を吸い取っているように見えた」という記述を見つけた。そして、このときの土は、「干し反り」とあるので乾いていたことと、「土が艶光り」していたのを市右衛門は観察している。黒色成分を含む蜜が、乾いて反り返っている土の方へ吸い取られ、土の表面に艶があって光って見えたものと考えられる。

蜜を吸い取っているように見えたのが、すでに土が乾いていたものであったというこの観察記事から、土を乾かすことにも意味があったのではないかと私は考えた。土が含んでいる水分の滴下効果によるゆるやかな洗浄のみを期待していたのであれば、土が反るほど乾くのを待つ必要はなく、土が完全に乾燥する前の状態で、改めて水分を含んだ土に替える方が効率的であると考えられるからである。

載せた土の水分は、ゆっくりと滴下して、固化した砂糖の方へ移動していく。この移動および自然乾燥によって載せた土はやがて乾く。その結果、砂糖の塊の方には水分があって、土の方には水分がない状態になることが考えられる。この状態で起こりうることは、ティッシュペーパーの先を水に浸すと、水がペーパーの上の方へ上がってくるのと同じ現象である「毛管現象*」を主とする作用によって水分を含んだ蜜が上昇して、乾いた覆土の方へと移動すると考えられた。

*水などの液体が細い管の中をひとりでに上昇する現象。土は複雑な構造をしているが、土粒子、水、空気の三相から成り、不規則な毛管が無数に存在していることになる。

この史料と出合って、一五年以上経つ。

私の研究テーマである砂糖製造法の中でも、摩訶《まか》不思議な土を使って砂糖を白くするという方法は、単に水分による洗い流しだけではなく、土が乾いたときに起こりうる「毛管現象」を利用した方法でもあったと、新たな説を付け加える「証拠」となった史料だった。

四、砂糖生産先進地・尾張藩へ伝えられた製法

前節では、宝暦六（一七五六）年に、現在の下関市あたりに位置する長府藩《ちょうふ》へ幕府の役人が出向いて、砂糖製造法の伝授を受けたという話を書いた。長府藩の内田屋孫右衛門兄弟に砂糖製造法を伝授したのは、長崎出身の慶右衛門という人物で、尾張へ砂糖製造法を伝授した人物でもあった。このいきさつが、前節でも紹介した史料『長府御領砂糖製作一件』の中に記されている。この史料によると、尾張では、宝暦六年の一二年前から砂糖生産に取り組んでいたという。そして、長崎出身の慶右衛門に、尾張へ行くように口を聞いたのが孫右衛門自身だったので、慶右衛門は、尾張へ行って製法を伝授するよりもまず先に、孫右衛門三兄弟に伝授をしたという。慶右衛門は、長崎に来日していた唐人から砂糖製造法を学んだと孫右衛門は聞いていた。

◉尾張藩お抱え砂糖製作人、慶右衛門

この慶右衛門が、宝暦四（一七五四）年十一月に、「砂糖製作人」として、尾張藩に金一〇両三人扶持で召し抱えられたことが、藩士の記録『藩士名寄一三七』（名古屋市逢左文庫所蔵）に記されていた。慶右衛門は、当時としては最新職業の砂糖作りのスペシャリストであったのだ。

さて、この慶右衛門の製法とはどのようなものであったのか。

慶右衛門が尾張藩のお抱え砂糖製作人となる直前の宝暦四（一七五四）年十月十四日と二十七日に、尾張大野において行われたサトウキビの圧搾と煮詰め工程の実録を含む「尾陽何某傳」なる「糖製秘訣」（川崎市市民ミュージアム所蔵・池上家文書『砂糖製法秘訣』所収）という史料がある。尾陽とは尾張のことであるので、この史料は、尾張の誰かの伝法を収録したもので、サトウキビの栽培法から分蜜法に至るまでが詳細に記されている技術指南的な部分と、尾張の地域性に基づいた製法の記述、および尾張大野での実際の製糖記録によって構成されている。

私は、この史料こそ、「砂糖製作人」として尾張藩に抱えられた慶右衛門による砂糖製造の実録および技術指南書ではないかと考えている。

この技術指南的な部分の記述は、かなり細かく書かれているので、その一部を紹介しよう。

◉尾張藩に伝えられた秘法が明らかに！

・**煮詰め工程**

一、サトウキビ一〇〇本からおよそ六升から七升のジュースが取れる。

二、大釜の上に桶かわをかけて竈に据えて、ジュース一石を入れる。

三、煮え上がるときに、絹製の水囊《すいのう》の中に「薬」をジュース一升に付き四匁の積もりで、その四匁の内、三匁四分ほどを大釜の中に入れ、炊き上がる糖液の中で暫く水囊を振り回すと、「薬」の成分が糖液の中に溶けて、水嚢の中には、「薬」の垢のみが残る。

四、さらに鍋を焼くと、青黒白の灰のように青く咲いたように垢《あか》が出てくるので、それを水嚢で静かに取り除く。

五、さらに煮詰めると、白い垢が出るので、また水嚢で取り上げると、このときまでに、ジュース一升が六合ほどに煮詰まっている。

六、竈の火を消し、鍋の中の沸き上がりを静め、上下に穴が開いている大桶に、その穴の栓をした上で、漉し布を通してその濃縮糖液を入れる。

七、濃縮糖液の量によって時間を見計らって、暫時澱を澄ます。

八、揚げ鍋に油を引き、その濃縮糖液を漉し入れて再び加熱する。

九、炊き上がるのを見てから、使い残しの「薬」を同様に入れる。

一〇、その後、強火にして煮詰め、次第に水分が減って強く沸き上がり、また静まり、水気が残らず消失して、ぶくぶくと上がる泡ばかりになったときに、弱火にしてそろそろと焼き静める。

一一、茶碗に清水を入れ、杓子で濃縮糖液を落としてみて、煮詰まり具合をみる。

一二、煮詰まり具合が宜しいときに、至極手早く、俵に水をしっかりと浸し、これを竈の中に入れて火気を即時に冷ます。

一三、濃縮糖液は、瓢《ふくべ》の柄杓《ひしゃく》で、「瓦溜《とうろ》」〔逆円錐形の容器〕へ汲み入れる。

さて、この煮詰め工程では、「薬」を二度に分けて使用しているが、この「薬」について、詳しく記されている。まず、このときに使用する「薬」の正体は、尾張では「ちんみ貝（サルボウガイ）」という貝で、この貝を水で良く洗って塩気を取り、焼いて粉にしたものだった。

「瓦溜」は、知多半島の常滑で焼く素焼きの真焼の壺とし、底に穴が開いており、その穴に栓を挿して、煮詰めた濃縮糖液を入れ、固まったら底の栓を抜いて、蜜を去るとしている。

・分蜜工程

では、次に分蜜法についてみていくことにしよう。植木鉢のように底に穴が開いている容器「瓦溜」で第一段階の分蜜を行い、その後の、第二段階の分蜜法は、土を載せる「覆土法《ふくどほう》」である。

一、濃縮糖液を「瓦溜」に入れ、熱湯を一杯飲むほどの時間が経ったら、幅一寸五分ほど、長さ二尺ほどの先が薄くなっている薄板の篦《へら》で、「瓦溜」の縁を静かに四回ほど突き混ぜる。「瓦溜」の中央は決して突き混ぜてはいけない。

二、しばらく経ってから同様に突き混ぜる。このように篦を入れることを四回ほど繰り返すと、徐々に砂糖の結晶が現れてくる。

三、二、三時〔およそ四〜六時間〕そのまま置いておくと、全体に結晶化が進行し、しっかりと固まる。しかし、蜜を含んでいるので粘りがあり、二日ほど経ったら「瓦溜」の底の〔穴に入れてある〕

栓を抜いて、蜜を垂らし、〔「瓦溜」の〕下に置いてある容器で受ける。
四、このまま四、五日置いて、上部に晒し土をかける。
五、約七日ほど置いておくと、晒しをかけているので蜜はさらに垂れる。上に置いた土は乾くので、自然に土と砂糖とが離れて〔土は〕カラカラになる。このときに、一番晒しの砂糖を〔「瓦溜」の中から〕取り揚げる。〔取り揚げた砂糖は〕湿り気があるので、一両日陰干しする。
六、再び晒しをかける方法、取り揚げ方は一番晒しと同じようにするが、二番晒しから「薬」を土に合法して〔砂糖の上に土を〕かける。
七、晒す方法は二番晒しと同じようにして、大概三番四番まで〔晒しを〕行って、「瓦溜」から残らず〔砂糖を〕取り揚げる。

「覆土法」の土は、五にあるように、カラカラになるまで載せている。

そして六には、一回目の「覆土法」が終わって、最上部の砂糖を取り出し、その下の部分に行う二回目以降の「覆土法」に使用する土には「薬」を合わせるとしている。「瓦溜」の中で固まっている砂糖は、上部から重力によって蜜が移動してくるので、下部になるほど蜜が多く、したがって色も濃い。蜜が多く含まれている部分の脱色に使用する土には、「薬」を合わせることが必要としていることが興味深い。しかしこの「薬」は、煮詰め工程の清浄時に使用する「ちんみ貝の粉」であるかどうかは不明である。

◉砂糖を白くする土は、ベトナムの事例と同じ、田の底の土

さらにこの史料には、「覆土法」に使用する具体的な土について記されている。

一、真土《まつち》〔耕作に適している良質の土〕の田の底にある、とてもアクの強い土が良い。

二、真土の色に、所々に青砥《あおと》〔中研ぎ用の青灰色の砥石〕の粉のような色が混じっている土で、それがなければ用に立たない。

三、〔土の選択は〕手に取って見なければ、はっきりとはわからないことである。

「覆土法」の土が、これほど具体的に書かれている史料はあまりない。田の底の土というのは、一九年前のことになるが、ベトナムで「覆土法」技術を採録したときも、やはり田の底の土を使用していた（第三部三章参照）。

宝暦五（一七五五）年五月十四日、尾張産の白砂糖が藩主の元へもたらされた（『尾州御小納戸日記』徳川林政史研究所所蔵）。これこそ、知多半島の大野で前年晩秋から作られた、白砂糖ではなかったか。

◉「実学」の実践者、慶右衛門の最後

慶右衛門は、明和五（一七六八）年四月二十八日に病死していることが、先に示した藩士の記録に

残されている。長崎から長府へ、そして最後は、尾張で砂糖製造法の実践を伝え、おそらく尾張の地で亡くなった砂糖製作人の名が、尾張藩の正式記録に残されていることが、この人物の終焉を飾っている。また、この時期、江戸を中心とした本草学者などは、中国からの書物や、砂糖製造法の書付による、いわゆる「文字」からの研究であったのに比べて、慶右衛門は「実学」の実践者だった。砂糖製造法を尾張のみならず長府藩へ伝授し、それがさらに又伝授で幕府江戸城吹上の砂糖製作人に伝わったことで、慶右衛門は砂糖の国産化に向けて大きな足跡を残した。

◉尾張の豪農、砂糖製造者

さて、実際に尾張藩領で砂糖生産に従事したのは、庄屋クラスの農民・豪農だった。さまざまな史料から、知多半島の村々で宝暦年間（一七五一～六四）に砂糖生産に着手していた三人の名前がわかっている。まず、早くからサトウキビの栽培が確認されている大野村では、庄屋の平野惣右衛門がいる。平野家には、天正十（一五八二）年、本能寺の変の直後、家康が大野の平野彦左衛門邸に泊り、岡崎に逃げ帰ったという由緒が伝えられている。

次に生路村の原田喜左衛門。『禮物軌式　秋』（徳川林政史研究所蔵）によると、喜左衛門作の白砂糖が宝暦七（一七五七）年に幕府に献上されたとある（写真1・2）。

最後に平島村の安右衛門である。安右衛門の弟は、上杉鷹山の師、細井平州である。

この平島村は、現在は愛知県東海市荒尾町に位置している。そう、私の先祖の出身地なのである。

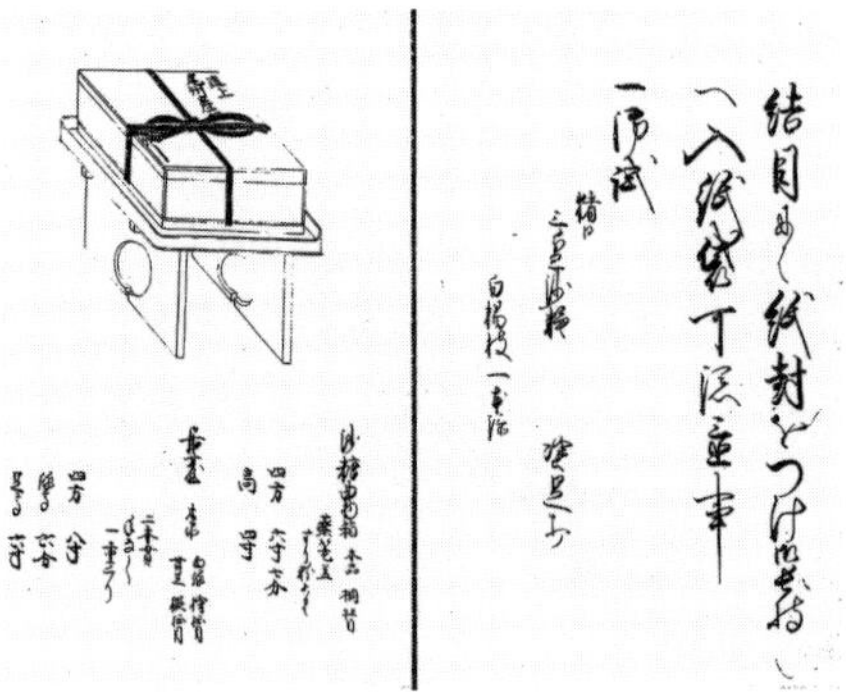

写真１　尾張藩から幕府へ献上した砂糖の外装（『禮物軌式 秋』徳川林政史研究所蔵）

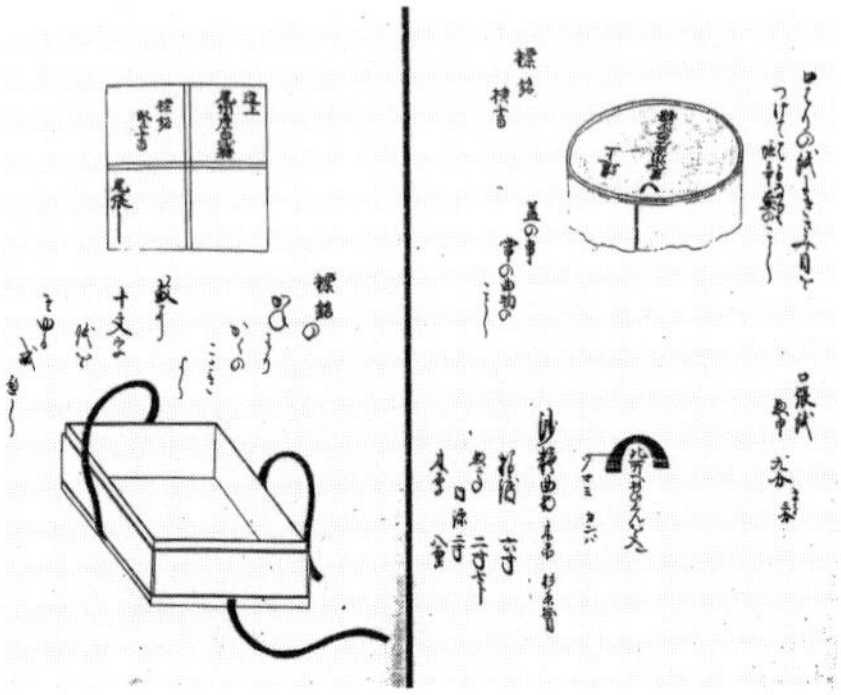

写真２　尾張藩から幕府へ献上した砂糖を入れた容器と箱（『禮物軌式 秋』徳川林政史研究所蔵）

我が家のルーツを訪ねるのを兼ねて、かつて、この地に行ってみた。

東京に住んでいる私にとっては、なんと温暖な地であるのか！　と、感じたのが第一印象であった。サトウキビの栽培には、うってつけの地と感じた。役場の方の話では、かつてはあちこちにサトウキビが植わっていて、茎をかじって食べたことがあるとのことだった。

今は、砂糖生産とは全く関係がなくなっている荒尾町だが、その温暖な気候が、かつてのサトウキビ畑を彷彿とさせていた。

五、本草学者による砂糖製造法の研究

宝暦年間（一七五一〜六四）は、吉宗による享保年間（一七一六〜三五）の「まずはサトウキビの移植と栽培の研究を！」という段階から一歩進んで、本章三節と四節で紹介したように長府藩と尾張藩という一部の地方での実践や、本草学者らによる研究が盛んになった時期だった。

◉薬品会の会主、田村元雄

江戸で初めて「薬品会《やくひんえ》」（薬草会・物産会）という、薬草や鉱物などで薬になる有益な産物の展示会が開かれたのが、宝暦七（一七五七）年のこと。エレキテル（静電気発生装置）の復元でも知られる平賀源内の発案で、会主は医者であり江戸の本草学の第一人者であった源内の師、田村元雄（藍水《らんすい》）だった。一八〇種の出品の内、半数以上の一〇〇種は元雄所持のものであった。同様の薬品会は、宝暦八年にも江戸で開催され、二三一種の出品の内、元雄はやはり一〇〇種を出品した。会主なので、一番出品数が多いのである。そして宝暦九（一七五九）年には、源内が初めて会主となり、二一三種の出品の内、元雄五〇種、源内五〇種を出品。宝暦十（一七六〇）年には元雄の門下の松田長元を会主として、宝暦十二（一七六二）年には源内が再び会主となり、このときは、引札という現代の「チラシ」に当たる広告を事前に出し、また、全国に諸国取次所を設け、遠方からの出品者の便宜を図るなど大

規模な開催となった。これらの薬品会の出品者としては、元雄の弟子をはじめ、幕府の医者もいたが、植木屋や薬種商などの町人もいて、民間を中心とした全国ネットワークが広がっていた。

◉『物類品隲』

江戸での五回の薬品会に出品された産物について、中国の文献も参照しつつ解説をつけたのが、宝暦十三（一七六三）年刊行の田村元雄鑑定・平賀源内編輯『物類品隲《ぶつるいひんしつ》』全六巻である。この『物類品隲』巻之四に甘蔗の項目がある（写真1）。杉本つとむ翻刻・解説本によると、以下のように記されている。

甘蔗　和名サタウタケ。又サタウキビ、ト云。和産ナシ。○琉球種、享保中薩摩ヨリ伝テ今処処ニ植テ砂糖ヲ製ス。是即チ糖砂ナリ。形蜀黍ノゴトクニシテ花実ナシ。茎ヲ切テ植レバ芽ヲ生ズ。培養製法附録ニ詳ナリ

「培養製法附録ニ詳ナリ」とは、巻之六が附録になっていて（写真2）、砂糖製造法が詳しく所収されていることを示している。

『物類品隲』巻之六の「甘蔗培養并ニ製造ノ法」には、サトウキビの栽培法から、圧搾機の作り方（写真3）、煮詰め工程、白砂糖製法、氷砂糖製法などが、中国の書物からの引用と日本での概説を加えながら、記述されている。本章三節で紹介した長府藩領や同じく四節で紹介した尾張知多半島で作

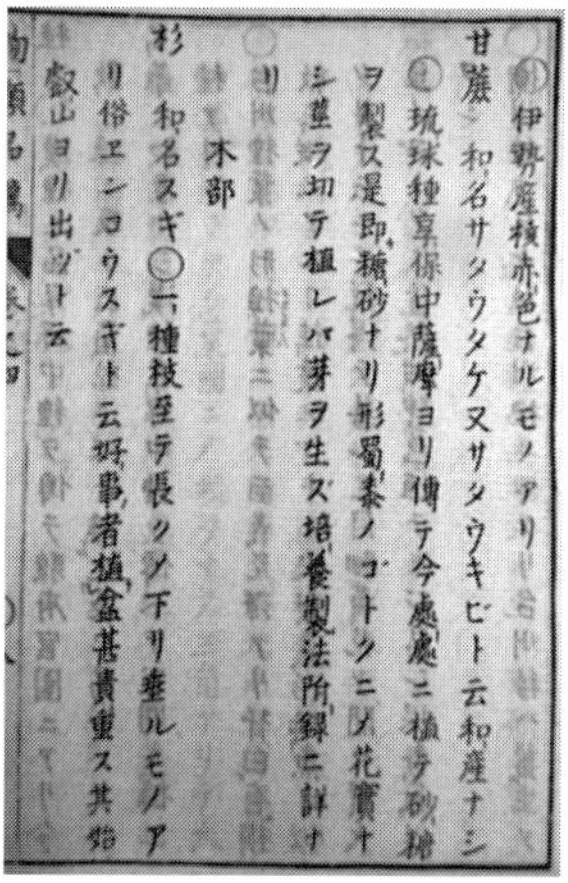
○伊勢産稍赤色ナルモノアリ
甘蔗 和名サタウタケ又サタウキビト云和産ナシ
○琉球種享保中薩摩ヨリ傳テ今處處ニ植テ砂糖
ヲ製ス是即チ糖砂ナリ形蜀黍ノゴトクニメ花實ナ
シ茎ヲ切テ植レバ芽ヲ生ズ培養製法附録ニ詳ナ
リ
木部
杉 和名スギ○六種枝至テ長クメ下リ垂ルモノア
リ俗エンコウスギト云好事者植盆甚貴重ス其始
叡山ヨリ出ツト云
物類品隲 巻之四

物類品隲巻之六附録
藍水田村先生鑒定
讃岐 鳩溪平賀国倫編輯
東都 田村善之
東都 中川鱗 同校
信濃 青山茂恂
按ズルニ本邦往古ハ藥物ヲ正シ民ノ疾病ヲ救
延喜式典藥寮ニ諸國ヨリ貢スル所ノ藥物
ヲ記スル事詳ナリ又今典藥寮ニ載ス藥園師二人
園生六人掌學識諸藥使部二十人直丁二人藥戸
物類品隲 巻之六

右：写真１　田村元雄鑑定・平賀源内編輯『物類品隲』（国立公文書館所蔵、以下同）巻之四の甘蔗の項目

左：写真２『物類品隲』巻之六の最初の頁１丁表。「藍水田村先生鑑定」とは、田村元雄が鑑定したことを示している。「讃岐 鳩渓平賀国倫編輯」とは、讃岐出身である平賀源内が編輯したことを示し、東都の元雄の長男である田村善之と、同じく東都の若狭藩小浜侯の侍医である中川仙安の長男の中川鱗、そして信濃の青山茂恂が「同校」として名を連ねている

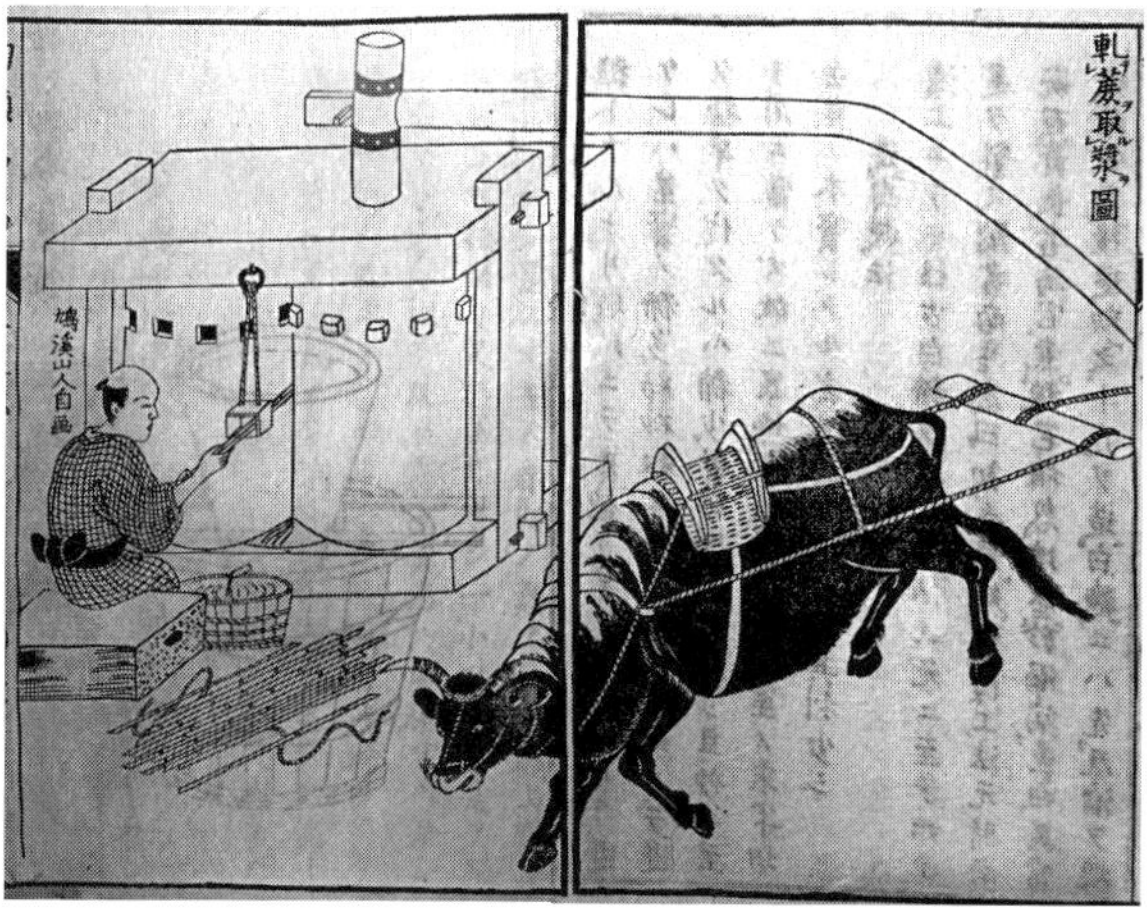

写真３　『物類品隲』巻之六。圧搾機は、中国の書物『天工開物』によるとしている

られていたことも記されている。

砂糖の結晶の周りに存在している黒い蜜を分離する分蜜法については、植木鉢のように底に穴の開いた容器による第一段階での分蜜、そして、覆土を行う第二段階での分蜜を紹介している（写真４）。

しかし、この『物類品隲』が刊行される以前に、あの最初の薬品会を開いた元雄が、自ら砂糖製造を実践した記録を残していた。

◉田村元雄の砂糖製造実験記録

元雄は、砂糖製法について『甘蔗造製伝』（武田科学振興財団・杏雨書屋および東京都立中央図書館・加賀文庫所蔵）を残した。残念ながら何年に記したのかがわからないのだが、宝暦十（一七六〇）年十月に自分で製作した記録があり、翌年の二月下旬に砂糖が出来たとしているので、宝暦十一（一七六一）年以降の記述ということになる。そして、この史

写真４　『物類品隲』巻之六。植木鉢のように、底に穴が開いている白砂糖を作る瓦器の図。底の穴から蜜が滴るように、瓦器を固定している様子

料と似てはいるが、その後に書かれたと考えられる「沙餹製法勘弁」（川崎市市民ミュージアム所蔵・池上家文書『砂糖製法秘訣』所収）という史料がある。『甘蔗造製伝』は煮詰め工程までの「煎煉ノ法」を主とし、「沙餹製法勘弁」は煎じ揚げた後の砂糖製造工程である「造製ノ法」を主として著されたものと考えられる。元雄は、四種類の中国の書物『天工開物』『閩書南産志』『容齋隨筆』『華夷花木珍玩考』も参照してこれらを記した。

元雄の研究では、注目すべきことが二点ある。まず、糖液を煎じ終わってから砂糖にする方法である。

・「盤暴」＝「板晒」、「筵暴」＝「ゴザ晒」という製法の登場

元雄は『甘蔗造製伝』の中で、煎じ終わってから「盤暴」、「筵暴」、「瓦溜」に入れる方法の三法があるとしている。どの方法を用いるかは、下品の砂糖を作るときには、「盤暴」と「筵暴」の方法を用いるとしている。

「沙餹製法勘弁」では、「板晒」、「ゴザ晒」、「瓦溜」に入れる方法の三法となっているが、「ゴザ晒」は甚だ下品の砂糖に用いるとし、「板晒」にするか「瓦溜」に入れるかは好きにしてよいとした上で、性質の良くない砂糖は「板晒」にもするとしている。

「瓦溜」に入れる方法以外は、先に挙げた元雄が引用・参照したと明記している中国の史料四点には全く記述がみられない。したがって、「盤暴」「筵暴」および「板晒」「ゴザ晒」は元雄が砂糖製造の研究・実験の際に自ら行ってみた方法ではないだろうか。

・「瓦溜」に入れる方法は「上品」の砂糖作り

「盤暴」「板晒」というのは、板の上に濃縮糖液を直接入れたか、または一度鍋から別の容器に入れて冷まして結晶を析出させてから板の上に広げる方法だと思われる。「筵暴」、「ゴザ晒」は、植物製の編んだ敷物の上に、同様の状態の砂糖を広げる方法であろう。そして、これらの方法は、「下品」の砂糖に用いるとしている。このことは、「瓦溜」に入れる方法は、「上品」の砂糖を作る分蜜法であったことを示唆している。そして、「瓦溜」に入れる場合には、「覆土法」が施されている。したがって、「覆土法」によって作られた砂糖は、「上品」であったと考えられるのだ。

・砂糖を白くする土の研究には、乾いた土も使用

そして、もう一つ注目すべき点が、「覆土法」

写真５　ホイロの図（右頁）。下に炭を置き、中段にお茶の葉を入れて乾燥させている様子。 平瀬徹斎撰『日本山海名物図会』巻之二（国立国会図書館所蔵）より。この書は宝暦４年の刊行なので、本稿の時代とも一致している。田村元雄は、このような乾燥機を使用して土を乾かしていたのだろう

に使用する土の様相が、泥から乾いた土までを使用して研究を行っていたことである。別の史料内に「田村傳」（川崎市市民ミュージアム所蔵・池上家文書『砂糖製法秘訣』「秘傳三章」所収）とある部分と、「霜糖玄雄製し立たる法」（川崎市市民ミュージアム所蔵・池上家文書）によると、元雄は、ホイロという乾燥機で土を乾かして研究も行っていたのだった。ホイロとは、炭を下に置いて上に載せた物を乾燥させる箱状の乾燥機である（写真５）。

下表に、史料名と、土の様相をまとめた。

◉「覆土法」の起源ついて、中国の文献より

元雄は、なぜ、乾いた土に着想したのであろうか？

考えられることは、元雄が参照した『閩書南産志』に記されている中国における「覆土法」の起源についての記述である。この『閩書南産志』による「覆土法」の起源については、『物類品隲』や時代は下るが木村又助の『砂糖製作記』（寛政九〔一七九七〕年刊）で引用されている。

『砂糖製作記』には、この部分の日本語への翻訳がルビ付きの読

田村元雄が「覆土法」に使用した土

史料名	土の種類
甘蔗造製伝	黄滑泥
沙餹製法勘弁	黄土の滑泥、黄滑泥 黒ベナ土をよく揺って中ぐらいに乾いたもの
田村傳	細滑黄土、ホイロにかけて乾かしたもの 紙を置いた上に置く
霜糖玄雄製し立たる法	細滑黄土、粗い土が良い、ホイロにかけてよく乾かしたもの 紙を置いた上に置く

み下し文になっていて当時の解釈がよくわかる。その部分を以下に記そう（写真６）。

　閩書南産志云《ひんしょなんさんしにいふ》、元《げん》の時南安《ときなんあん》に黄長《くハうてう》という者有《ものあり》、砂糖を煮置《にをき》たる所の壁忽壊《かべたちまちくづ》れ瓦漏《とうろ》の上を壓《お》す。其砂糖白き事常《つね》に異《こと》なり、これに依《よ》て厚價《あつきあたい》を得《え》たりという。後是《のちこれ》に效《なら》ひて土《つち》を覆《おほ》う法《はふ》を得《え》たり。

　この内容は、煮詰め工程が終わって、瓦漏の中に入っている砂糖の上を、壁の土が壊れて圧した。するとその部分の砂糖が通常よりも白かった。これに倣って土を覆う法が誕生したというものである。

　壁の土というと明らかに乾いた土の塊である。これを読んで元雄は乾いた土に着想し、試作を行っていたのではないかと考えられる。

　落ちてきた壁によって「覆土法」が発見されたという記述は、これまで注目されてこなかった。伝承的な

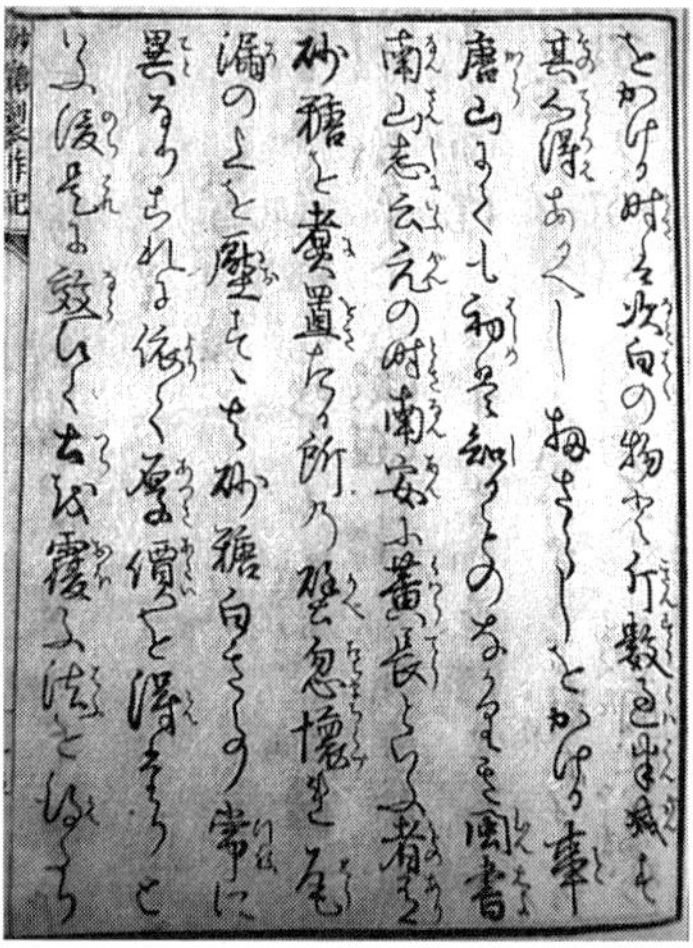

写真６　木村又助『砂糖製作記』（寛政９年刊　国立国会図書館所蔵）。中国における「覆土法」の起源について記した部分

記述とはいえ、崩れた壁が瓦漏の中に入れてあるショ糖の結晶と蜜の混合体と考えられる砂糖を白くすることに関与したということについて、次の三つのことが考えられる。

・第一は、加圧することによって蜜が下方向へ落ちることを促進した。

・第二は、砂糖との接触面で、壁土側に瓦漏の中にある砂糖の表面の黒色成分を含む蜜が吸着されて、その部分の砂糖が白くなった。

・第三は、瓦漏の中にあるショ糖の結晶の廻りに存在する黒い蜜を「毛管現象」によって乾いた土の塊である壁が吸い上げた。

第一に考えられる加圧による黒い蜜を取り去る分蜜の促進は、『閩書南産志』にはっきりと壁の土が圧したと記されている。しかし、ただ圧するだけの効果であるならば、石などを重石にすればことが足りるので、後々まで土を使う「覆土法」が中国のみならず世界的に続けられたことについて説明がつきにくい。

第二に考えられる表面吸着については、砂糖の表面の蜜しか移動させないため、肉眼で確認出来るかどうかわからない程度の厚さの最上層部しか脱色されない。したがって、土と砂糖の接触面に起こりうる表面吸着では、分蜜効果はほとんどないと考えられる。

第三の「毛管現象」については、三節で紹介したように、宝暦六〔一七五六〕年に幕府の砂糖製作人が砂糖製法伝受のために長府へ派遣された際に、水分を含んでいた土が乾いて、その土が蜜を吸い取るように見えたという観察記録から、それを「毛管現象」によるものではないかということを提示した。

元雄は、幕府の砂糖製作人と関係があり、長府で観察された砂糖の上に載せた土が乾いたときに起こりうる現象の情報が、幕府方より元雄へもたらされていたことも考えられる。

元雄が示した乾いた土の利用は、「毛管現象」を主とする分蜜効果を期待していたのではないかと考えられるのだ。

砂糖製造研究の第一人者であった元雄。「文献」研究だけでなく、「あれこれやってみる！」という実践研究の姿勢を、現代の私たちに示してくれている。

六、「産学官」のコラボレーションによる砂糖製造

江戸時代の砂糖生産の研究から実践は、まさに、「産学官」のコラボレーション。幕府が砂糖の国産化を目指した事情については、唐船やオランダ船によって舶載されている砂糖の輸入代が膨大になってしまったという、国の財政問題を抜きには語れない。だから吉宗時代以降、「官」がまず旗を振った。そして「学」は、本草学者らによる中国の文献調査、および前節で紹介した田村元雄らによる実践研究。しかし、実際にサトウキビを栽培して、砂糖を作るのは農民である「産」である。このように、「産学官」と捉えると、この時代の協力関係が理解しやすい。

◉田村元雄が推薦した名主、池上太郎左衛門幸豊

元雄は宝暦十一（一七六二）年五月に、「砂糖が出来た！」と、江戸幕府の勘定奉行である一色安房守に自身が製作した砂糖を見せたところ、冬から売り広めるように言われた。しかし、元雄は、医者の身であるので、代わりに武蔵国大師河原の名主、池上太郎左衛門幸豊を推薦した。

幸豊は、幕府が栽培していたサトウキビの苗を受け取り、元雄の指導のもと、砂糖生産の普及に向けて本格的に取り組むようになる。まさに、「官」のサトウキビの苗を使い、「学」の指導により、農民である名主が「産」を担って関東で砂糖生産の普及に漕ぎ出した瞬間だった。

砂糖製作に関する膨大な記録を残してくれている幸豊。本節では『和製砂糖之儀ニ付書留　壱』他全十三冊（川崎市市民ミュージアム所蔵・池上家文書）の中から、私が見出した重要な分蜜法について記したい。

◉田沼意次・伊奈半左衛門へ見せた砂糖の試作製法

幸豊は、サトウキビの栽培に適した土地探し、そして幕府から下賜されたサトウキビ試植に苦労した。栽培に成功しなければ、砂糖製造に漕ぎつけられない。それでもやっと砂糖の試作に成功したのが、明和三（一七六八）年のことである。

同年十月二十七日に、幸豊は、大白、中白、黒の砂糖三品を役所へ差し出した。さらに同日、御側御用取次であった田沼意次《たぬまおきつぐ》へ製法を見せたいと申し出た。

十一月十八日と十九日には、田沼意次の上屋敷の書院御庭へ諸道具を運び込み、サトウキビの圧搾工程と煮詰め工程を見せた。

翌日二十日には、関東郡代・伊奈半左衛門の役所で同様に実践して見せた。

このとき使用したサトウキビジュースはサトウキビ約二二本相当分で、白用のジュースは四合、黒用のジュースは一升という、少量での製作であった。この際の製法の詳細が残されている。幸豊が初めて成功した方法として位置付けることが出来ると考える。そのサトウキビの圧搾と煮詰めの方法は以下のように記述されている。

一、サトウキビは、黒用も白用も同じ種類であるが、白は実入りが多い所の皮を除いて、一度目のジュースを用いる。一方黒は、白用に一度搾った後のサトウキビから再びジュースを採ったものと、実入りがよくない部分を皮付きで搾ったものを用いる。

二、サトウキビの茎を搾ったジュースは、沸き立つまで火を強くし、それ以後は弱火にする。白用は、沸き立ったら浮いてくるアクをすべてすくい取り、黒用はそのままにしてかき回しながら煎じ混ぜるだけである。

三、ジュースが半分に煮詰まったら、灰を入れる。搾り立てのジュース一升につき灰の重さは約三分程である。白用・黒用共に入れる。二回ほど沸き立ったら火を引いて、灰を漉す。白用は随分と念入りに、黒用は大方に漉す。

四、その後は火を弱火にし、食の取り湯〔重湯〕のようになったときに、砂薬を入れる。この薬は極秘である。ジュース一升につき砂薬の重さは約二厘ほどで、黒白用共に同様である。この薬は漉さない。

五、その後はさらに火を弱くし、随分と粘りが出てきて、それを水中に落として竜眼肉《りゅうがんにく》〔ライチに似た熟した果実を半乾燥させた漢方薬に用いる生薬の一つ」のようになったときが煎じ揚げの頃合いである。

煮詰めた濃縮糖液は、何か容器に入れたと思われるが、どのような容器に入れたかは不明である。いずれにせよ、少量の製作であるので、大きな容器ではないだろう。

さて、その後の結晶化の様子と分蜜の仕方が興味深い。

◉後日行った「分蜜法」は、「絞る」「押し付ける」

煮詰め工程が終わって家に帰った幸豊は、その後、十二月朔日《ついたち》付で、そろそろ結晶化してきている頃だと思うので伺いたい旨を記した書付を田沼意次のもとへ出した。二日には、田沼の家臣井上寛司から、結晶化していると返書がきた。

同月朔日付で同様に伊奈半左衛門へ出した書付には、結晶化してきていなかった場合には、度々少しずつ温めてほしいということが付け加えられていた。

幸豊は同月十六日に田沼邸に出向き、先月作った砂糖の状態を見て、まず絞り、白の方は猪口を二つ所望してその中に入れ押し付けている。

十七日には、伊奈半左衛門の役所に行き砂糖を見たところ、乾いていなかったので、火鉢で黒白共に温めている。

翌年一月二十八日には、再度伊奈半左衛門の役所の砂糖を見に行き、白砂糖を絞っている。

以上のように、幸豊が明和三（一七七四）年から四（一七七五）年にかけて行った分蜜法は、「絞る」「押し付ける」という簡易な「加圧法」であった。

幸豊は、植木鉢のように底に穴が開いた「瓦溜」を使用しないでも、「絞る」「押し付ける」という「加圧法」を行えば、分蜜出来ることを知っていたことになる。

◉和三盆の技術に通じる「加圧法」の登場

「絞る」「押し付ける」という「加圧法」は、その後、「瓦溜」による第一の分蜜と、「覆土法」による第二の分蜜を行わない和三盆の生産技術の基底をなす製法として特筆に価する。すなわち、この方法が江戸時代後期になって突如出現したのではなかったのである。

しかし、幸豊は、「覆土法」による砂糖製造も実践していた。別の幸豊側の史料『糖製手扣帳』を読み解くと、結晶および結晶と蜜が存在する状態が、分蜜法を決定する要因であることが示されていた。

結晶の大きさは、サトウキビの状態や煮詰め加減によって大きくも小さくもなったが、煮詰め加減の方が影響は大きいと幸豊は考えていた。そして、結晶が小さければ「覆土法」を施してはならないとも考えていた。

「絞る」という「加圧法」は、結晶が下に沈み上部に蜜が存在している場合、「覆土法」を施した後に蜜がうまく抜けていないと考えられる場合に行うことが認められた。すなわち第一段階の分蜜によって行う場合と、第二段階の分蜜後においても行う場合が考えられた。

このように、長年砂糖製造の研究と実践を重ねていくうちに習得した、実践者ならではの勘とコツ。ジュースや糖液の糖度を測る糖度計がない時代、加熱温度をみる温度計がない時代。まさに職人ワザが、砂糖製造には必要だった。

幸豊は農民への普及者として貢献した。自宅で伝授を行う他に、自らが廻村して伝授するという方法をとり、安永三（一七七四）年、天明六（一七八六）年、天明八（一七八八）年と三回にわたって、合計二〇カ国余り一三一カ村の農民ら一五二人へ砂糖生産法を伝えたとされている。しかし、一子相伝という誓書をとっての伝授であった。まだこの頃までは、砂糖製造法は、「秘法」とされていたのである。

第三章　土を使う方法から和三盆の技術へ

一、幕府による秘法の公開

寛政年間（一七八九～一八〇一）に入ると、「官」である江戸幕府も動き始めた。サトウキビの栽培の普及は広まりつつありながらも、まだ各地に定着したとは言い難く、また砂糖製作についても、道具が必要であることから、及び腰になっている者もいた。また、関東では、サトウキビがそもそも温暖な地で生育する植物であるため、なかなかうまくいかなかった模様である。

◉官の版本、『砂糖製作記』

幕府の吹上奉行添である木村又助は、幕命を帯びて寛政二（一七九〇）年に紀州に赴き、そこで、オランダの製法伝授者の安田泰なる人物から製法を伝えられた。砂糖製法は「秘法」とされていたが、さらに命が下って、又助は『砂糖製作記』という版本を寛政九（一七九七）年に記した。この書物は、江戸幕府による砂糖製造法の初の版本である。幕府としては、製法を秘伝としていては砂糖製作の普及が進まないと考えたのである。そして、「余りある不毛の地まで開拓してサトウキビを植えれば、天下の利益になることは限りない」と、土地の有効活用にまで言及している。

なかなか進まない砂糖の国産化に痺れをきらした「官」の出馬といったところか!?

この史料には、製造機具や道具の図が多く示されているので、どのような道具を使用していたのかがよくわかる。

圧搾する機具は、ローラーの間にサトウキビを挟んでジュースを取り出す轆轤《ろくろ》を用いる。轆轤を回すには、人が二人（写真1）または四人（写真2）で押す人力か、川の流れを利用する水車に

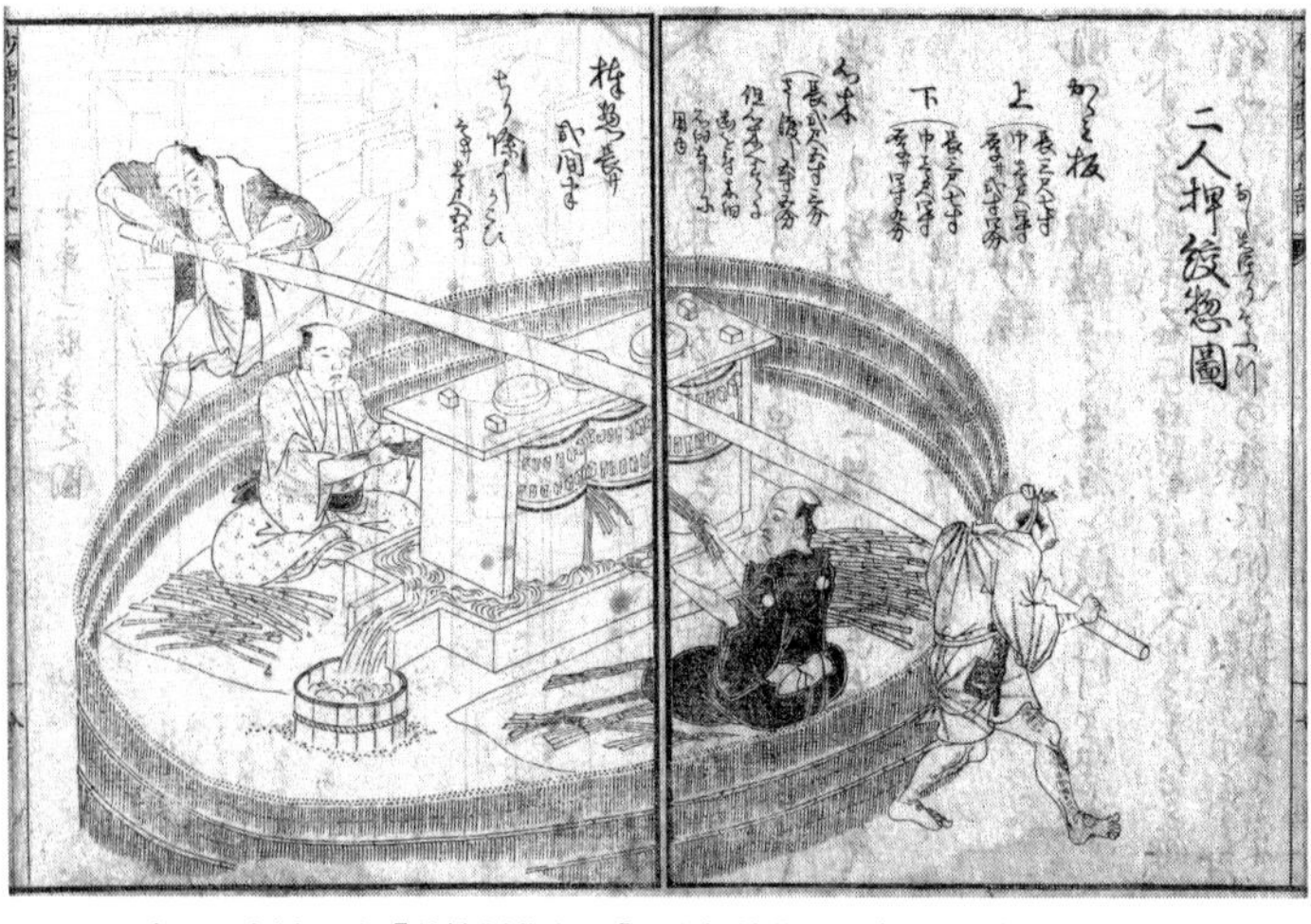

写真1　木村又助『砂糖製作記』「二人押絞惣図」（国立国会図書館所蔵）

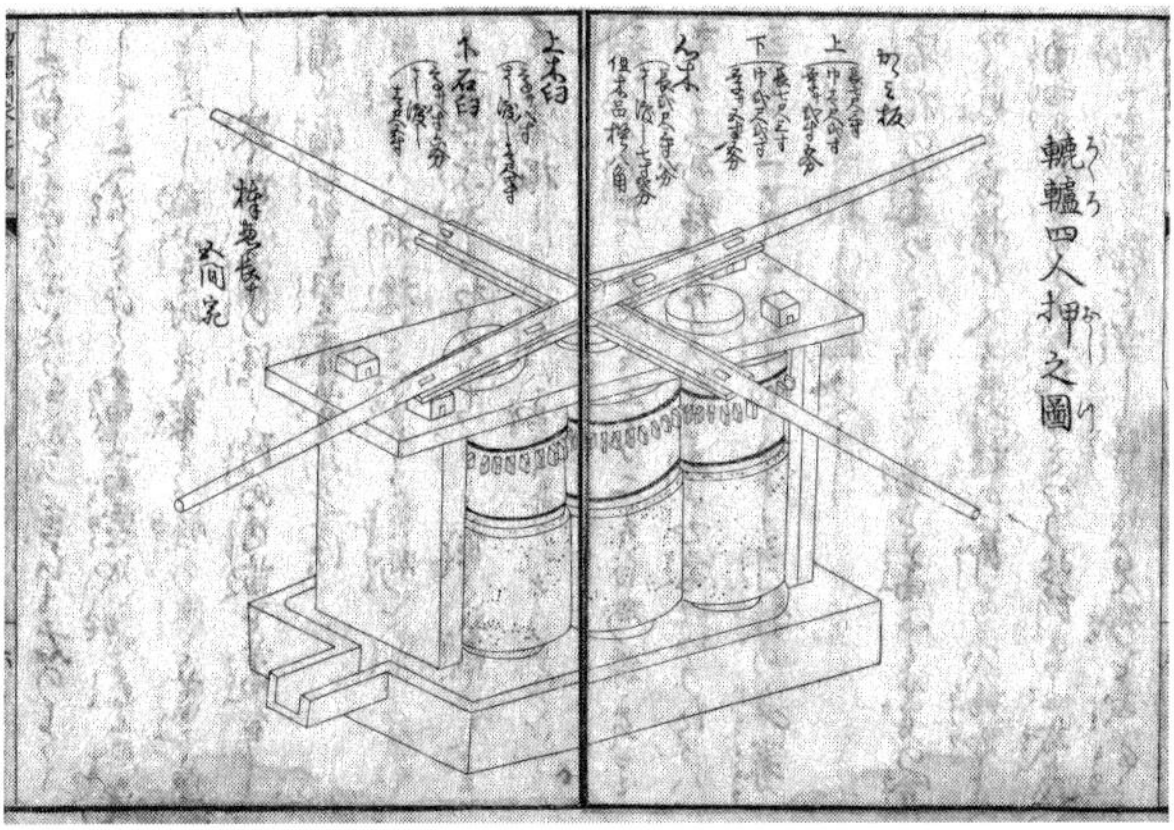

写真２　木村又助『砂糖製作記』「轆轤四人押之図」（国立国会図書館所蔵）

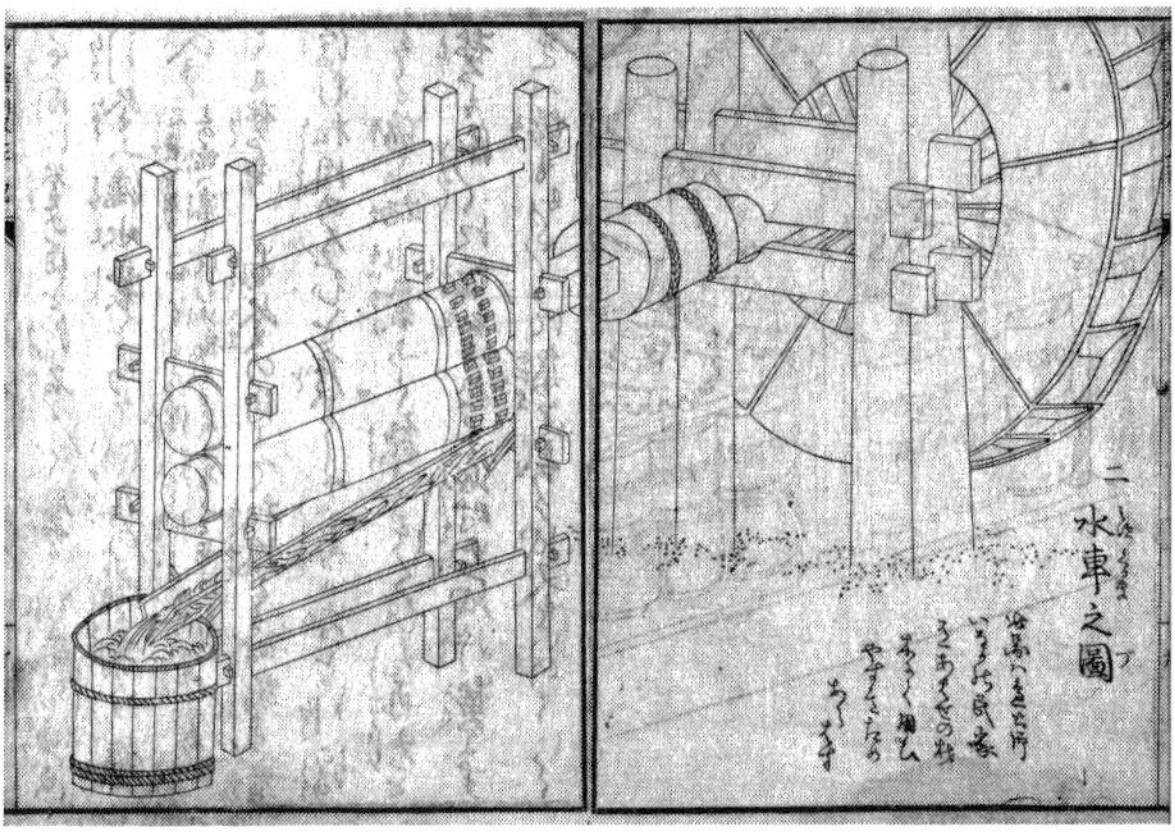

写真３　『砂糖製作記』「水車之図」（国立国会図書館所蔵）

よる水力の絵が示されている。水力を利用し、あり合わせの木を使用した横型のローラー（写真３）、さらに手動の小さな横型のローラーなど、小規模の砂糖生産者へ向けての配慮もみられる。

◉あり合わせの道具で出来ることをＰＲ

また、黒砂糖の項目では、このようなローラー式の圧搾機を使わなくても、サトウキビの茎を寸々に切って、油を絞める道具や渋を絞める道具でジュースを取り出しても良いと、あり合わせの道具の利用を教えている。油を絞める道具とは、写真４のように、楔を打って圧搾する。渋を絞める道具とは、写真５のように、梃子の原理によって圧搾するもので、醤油や酒作りにも使用されている機具である。

この他にも、黒砂糖の項では、あり合わせの鍋や釜で、サトウキビのジュースを清浄することも行わず、煎じ詰めることを説いている。サトウキビの栽培に成功したら、「黒砂糖はあり合わせの道具でも作ることが出来る！」というメッセージを込めて、ハードルを低くして砂糖製造のＰＲを行っているのだ。この部分に、「本気で普及しなければ！」という幕府の意気込みを、私はみるのである。

写真４　『広益国産考』巻之五
（国立国会図書館所蔵）

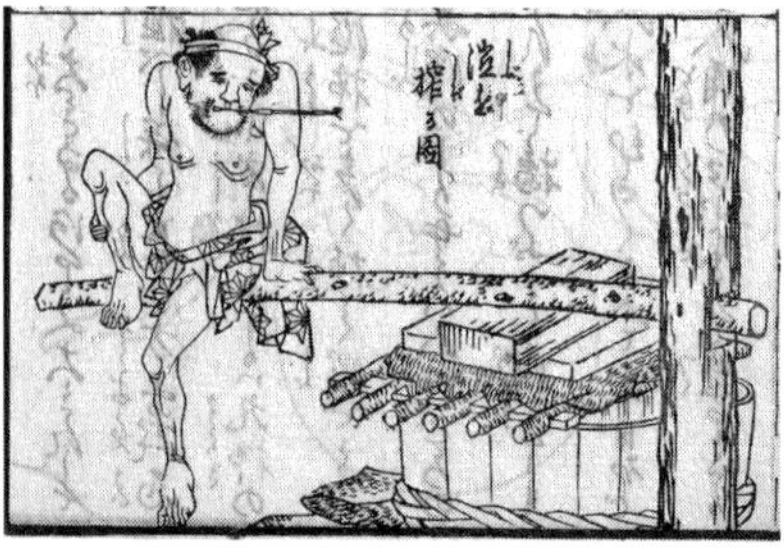

写真５　『広益国産考』巻之四
（国立国会図書館所蔵）

◉「大白砂糖」の圧搾から煮詰め工程

　次に圧搾工程が終わった後の煮詰め工程を、図を参照していただきながらみていくことにしよう。煮詰める竈の設備は、前から見た部分と、壁の裏側から見た部分の図が描かれているのでよくわかる。右側が釜屋の表。釜が三つ、その上に甑が掛けられている。澄桶《すましおけ》は半釣《はんやく》（写真７の左上）で固定されている。木の扉で、釜側と火を焚く竈側を行き来が出来るようになっており、左側の図が釜屋の裏で、黒い釜の底が描かれている（写真６）。

　一、サトウキビを絞り、ジュースを取り、溜桶《ためおけ》（写真７の右上）に入れ、ジュース一石につき石灰三〇匁を入れてかき混ぜておくと、三時（約六時間）ほどすると、石灰は桶の底に沈む。

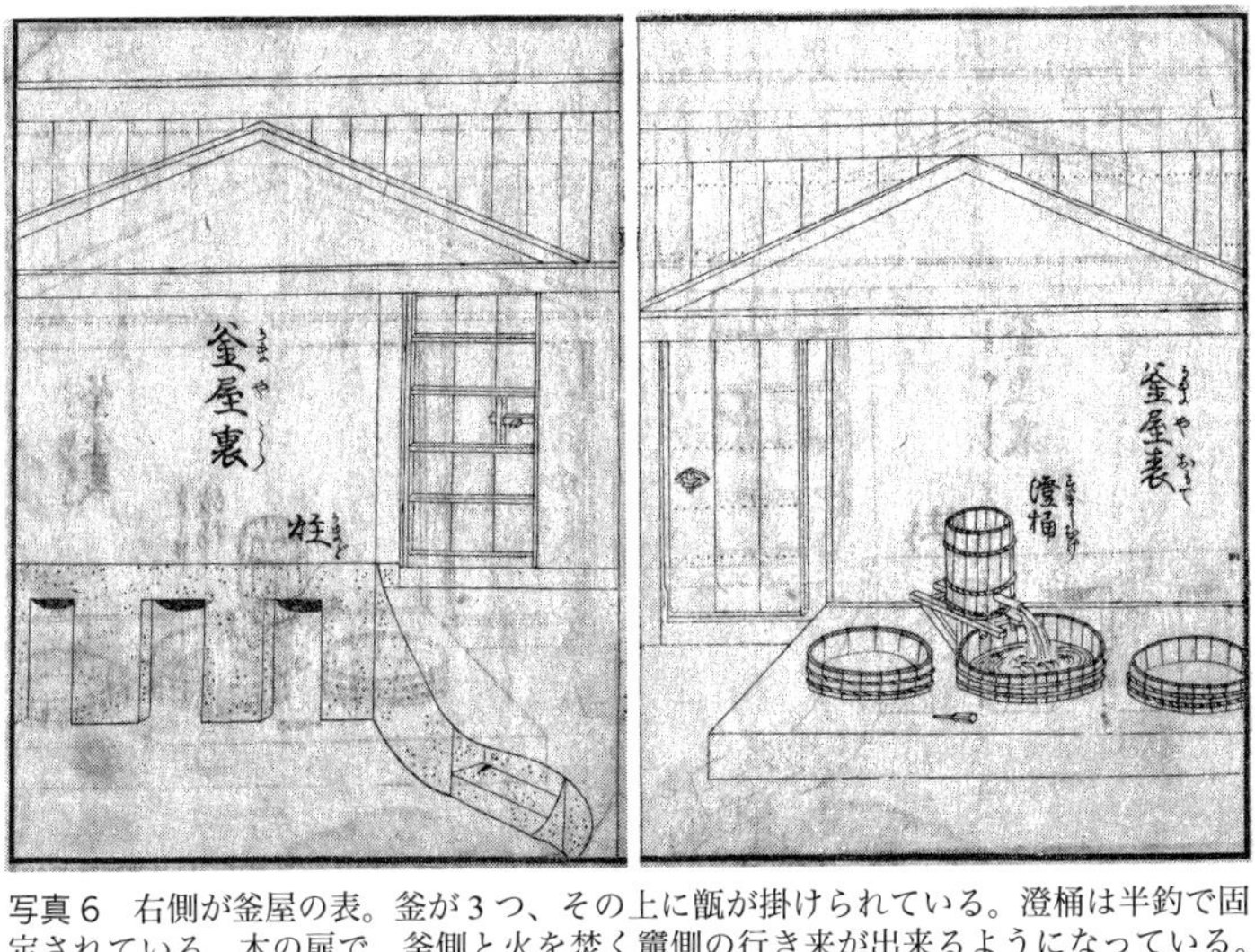

写真６　右側が釜屋の表。釜が３つ、その上に甑が掛けられている。澄桶は半釣で固定されている。木の扉で、釜側と火を焚く竈側の行き来が出来るようになっている。左側が釜屋の裏。黒い釜の底が描かれている（『砂糖製作記』国立国会図書館所蔵）

二、その間に、釜の内側を浮石で磨き、胡麻の油を引いておく。

三、釜に漉水嚢《みずこし》（写真８の左上）を当てて、溜桶（の下部に設置してある注ぎ口）から澄ませたジュースを漉し入れる。

四、火を焚いて、釜の中が松風《そらにえ》（沸騰する一歩手前の状態）になったとき、不純物は上に煮え浮かんでくる。このタイミングで、竈の火を急いで止めて、浮いている不純物を柄水嚢《えすいのう》（写真８の左下）ですくい取り、再び火を焚くと、どんどん不純物が出てくる。このときに、火を片

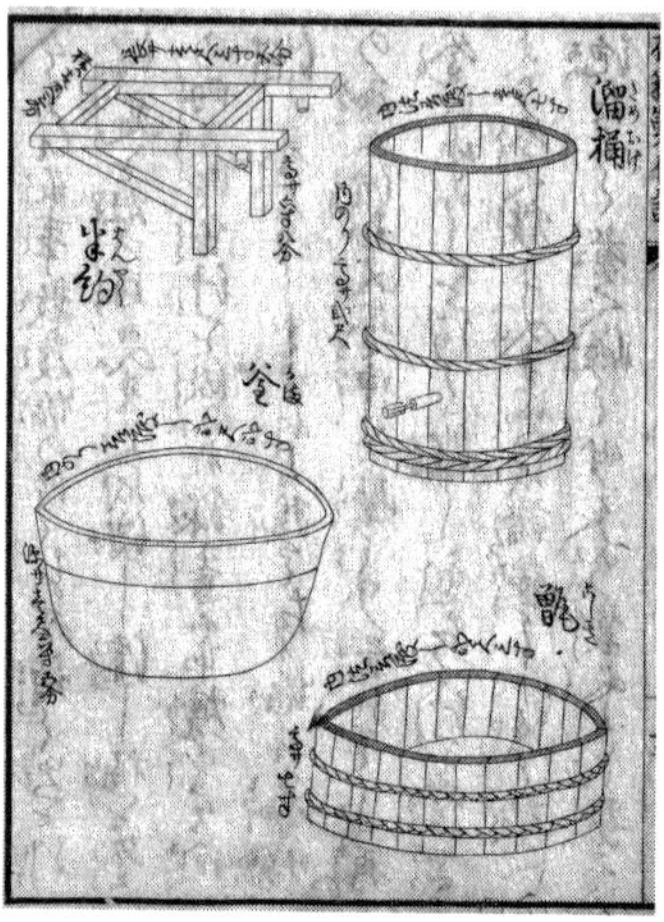

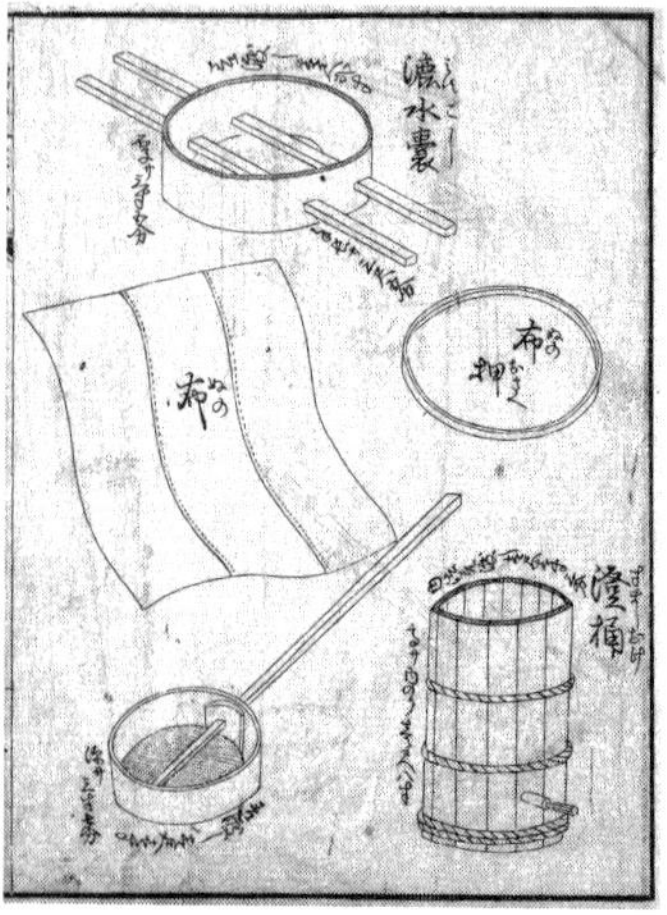

（右）写真７　溜桶：サトウキビのジュースを入れておく
半釣：溜桶を釜に固定させる台
釜：大きさは内側の直径が２尺２寸、深さは１尺６寸５分
甑：大きさは内側の直径が２尺３寸、高さは７寸

（左）写真８　漉水嚢：布を布押さえで木枠にはめ込んで使用する
澄桶：加熱した濃縮糖液を澄ますために入れておく
柄水嚢：浮上する不純物を取り除くために用いる

（『砂糖製作記』国立国会図書館所蔵）

側に寄せれば、釜の中の不純物も片側に集まり寄ってくるので、また水嚢《すいのう》ですくい取ることを数度繰り返し、不純物が出尽くすのを待って、火を引いて、濡筵を竈の中に入れて火を消す。

五、澄桶《すましおけ》（写真8の右下）を釜の両方に於いて、糖液を汲み入れ、線香三本ほど焚き尽くす間澄ますためにそのままにしておく。そうすると、残った不純物は、ことごとく桶の下に沈む。その間に、釜の内側を前のように磨いておく。

六、再び釜に漉水嚢を当てて澄ましておいた糖液を、〔澄まし桶の下部に設置してある〕嘴口から釜へ移し入れ、火を強く焚く。

七、泡が立って煮え溢れそうになるときは、水嚢または柄杓《ひしゃく》（写真9の左下）で度々すくい上げて、溢れ出ないようにす

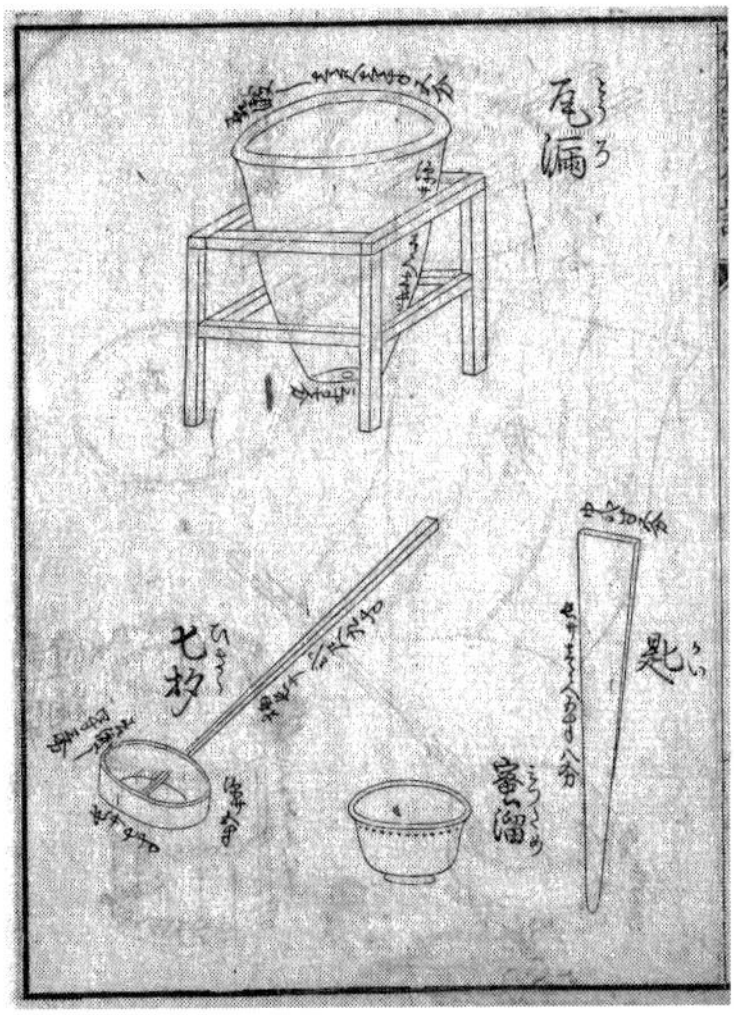

写真９　瓦漏：直径１尺１寸５分、深さ１尺１寸
匙：瓦漏の中を突き混ぜる木片
柄杓：瓦漏の中に濃縮糖液を入れたり、釜から糖液が吹きこぼれそうなったときにかき混ぜる時に用いる
蜜溜：瓦漏の下に置いて、したたり落ちる蜜を受ける
（『砂糖製作記』国立国会図書館所蔵）

る。

八、七、八分に煎じ詰めて大泡が立ったとき、茶碗に水を入れ、煎じ詰めた濃縮糖液を殻杓子ですくって、水に落とし、状態をみる。〔加熱終了のタイミングは、落とした濃縮糖液が〕水中で輪になったときである。急いで竈の中の火を取り出し、濡筵を竈に入れて、残っている下火を湿して消火する。

◉「大白砂糖」の土を使った分蜜工程

次に「大白砂糖」の分蜜工程である。

一、濃縮糖液を、下の穴は木で栓をした瓦漏（写真９の上）に入れる。風に当て、人肌に冷めるまでの間に、匙《かい》という木板（写真９の右下）で、四、五度掻き混ぜる。掻き混ぜすぎると、蜜が結晶に混じって乾かなくなる。

二、一夜経って、瓦漏の中の砂糖が乾くのを待って、瓦漏の底の穴に差し込んでいた木の栓を抜き取り、杉の葉か廢爆《つけき》で栓をして置いておくと、蜜がこの間から滴り落ちる〔写真９の中央の蜜溜は、固定された瓦漏の下に置いておく〕。

三、約一四、五日過ぎて、瓦漏の中の砂糖がよく乾いてきたら、黄土《へなつち》を練って、砂糖の上面を塗り塞ぎ、風に当てておく。

四、土が乾いて折れるのを目安として、土を取り、その下の砂糖を取る。

五、何度も黄土を塗って、だんだんと砂糖を取っていく。

このように、「覆土法」による分蜜法が示されている。幸豊が実践していた、「絞る」「押し付ける」という「加圧法」による分蜜は、全く提示されていない。また、現在の和三盆の製造技術である、押し船による「加圧法」も示されていない。幕府は、「覆土法」による分蜜法を推進していたのである。

この幕府による又助の『砂糖製作記』の刊行から約二〇年後の文政元（一八一八）年、幕府は本田畑へのサトウキビの植え付けを禁止した。禁令が出るほど、本田畑にサトウキビを植えつける人々が多かったのだ。このことは、国内生産が本格的に軌道に乗りはじめたことを示している。

二、江戸時代の遺跡から出土した砂糖製造の容器

前節で、幕府が寛政九年に『砂糖製作記』という版本まで出して、積極的に砂糖製造を推進したということを書いた。この中で、幕府が推進していた砂糖製造法は、植木鉢のように底に穴が開けられた容器「瓦漏《とうろ》」の中に、まずその穴を塞いだ上でサトウキビジュースを煮詰めた濃縮糖液を入れて結晶化を待ち、その後穴の塞ぎを取り除き、非結晶分である黒い蜜を重力によって下に落とすという第一の分蜜法を採るものであった。その後に行うのが、「瓦漏」の中で半固化している砂糖の塊の上部に、土を載せて砂糖を白くする第二の分蜜を施す「覆土法」だ。

これまで、文字で書かれたものや、絵として描かれた史料から、江戸時代の白砂糖の作り方をみてきた。本節は、同じく江戸時代の遺跡から発掘された「モノ」の現物から、砂糖を白くする第一の分蜜法に照射したい。

近年、考古学の発掘調査の成果から、植木鉢のような「瓦漏」が日本で出土していることが判明した。この容器を見て、砂糖製造に使う「瓦漏」では？　と最初に着想したのは、当時、大阪府泉南市教育委員会にいらっしゃった岡一彦さんだ。

発掘された「瓦漏」を見せていただくために泉南市を訪ねた。泉南市は和歌山県のすぐ近くなので、東京より暖かい。暖かい地で生育するサトウキビには、適した地だと実感出来る。

大阪府の南部、泉州地域に位置する泉南市の幡代《はたしろ》遺跡は、平安時代後期・室町時代・江戸時代の三期の盛期が確認されている遺跡である。

平成五（一九九三）年の発掘調査では、十八世紀後半から十九世紀前期の廃棄土坑から、多くの陶磁器や瓦などが発掘された。その中に、植木鉢のように底に穴の開いた遺物を見つけたのだった（『泉南市文化財年報No.1』一九九五年）。

「これはなんだろう……」。岡さんは、規格的で、大きさが決められており、また、底に開けられている穴は、容器を焼く前に意図的に開けられていたことなどから、産業で使われたものではないかと考えた。そこで、パラパラと民具や道具の絵を載せた本をめくっていたときに、砂糖生産用の道具に、植木鉢のように底に穴のあいた容器の絵を見つけたのである。

しかし、これだけでは、これまで紹介してきたような分蜜容器である「瓦漏」とは、断定しがたい。それを裏付けたのは、江戸時代の後期に、この泉州で砂糖生産が行われていたことを記す文字史料だった。

江戸時代の農学者である大蔵永常も泉州での砂糖製法を見たことを、文政年間前期（一八一七年～）にはその大綱が出来上がっていたと考えられる『甘蔗大成』（武田科学振興財団・杏雨書屋所蔵）の中で記している。また、泉州の地方文書にも、天保十二（一八四一）年以降ではあるが、砂糖製造を示す史料がいくつか見つかっている。

その後の発掘調査でも、同遺跡から「瓦漏」が出土し、平成十（一九九八）年から始まった泉南市

写真３　男里遺跡の光平寺跡から出土した「瓦漏」。「瓦□」と、２文字確認出来る。底の孔は、内径約 3cm（泉南市教育委員会所蔵）

写真１　幡代遺跡から出土した「瓦漏」の内側（泉南市教育委員会所蔵）

写真２　破片をつなぎ合わせて復元された「瓦漏」。底の窄まり具合から、これのみでは安定が悪く、植木鉢とは考えにくい。黒い蜜を受ける壺状の容器の上に置いたか、土に埋め込んで固定したと考えられる。上部の内径は、約 30 ～ 36cm。かなり大きい。左より幡代遺跡、光平寺跡、他２点は男里遺跡出土（泉南市教育委員会所蔵）

＊写真１～３は泉南市教育委員会の
協力を得て撮影させていただいた。

の男里《おのさと》遺跡からも、同様の「瓦漏」が多数出土した。特に男里遺跡に含まれる光平寺跡から出土した「瓦漏」には、底部に二文字の刻印が認められ、最初の字は「瓦」と読める。しかし残念ながら下の字が判読不明だった。「『漏』という字だったらいいのに……」と、岡さんと私。日本で出土した「瓦漏」を見るのは初めてだった。

私もこれは植木鉢ではないと確信した。それは、穴の開いた底部の直径が小さく、これだけでは安定して置くことが出来ないと思ったからである。この容器を固定させるには、もう一つの容器の中に差し込むか、前節写真９の上の「瓦漏」を支える木枠が必要となる。

やはり、これらは「瓦漏」だ。

岡さんが、「瓦漏」では？　と着想される以前は、底に穴が開いていて、植木鉢に酷似しているため、砂糖製造とは結びつけることなく見逃されてきた可能性もあるのが残念である。

また近隣の阪南市や泉佐野市、和歌山県御坊市でも同様の「瓦漏」が出土している。

「瓦漏」がどんどん発掘されれば、文献史料だけでは確認が出来ていない日本での産地の特定や「瓦漏」を使用した砂糖の生産実態など、新たな発見が期待出来る。さらに、容器の中に残っているかもしれない砂糖の遺物や、「覆土法」に使用されたかもしれない「土」も出土しないかと胸は膨らむ。

土の中に埋もれた遺物からのアプローチによる砂糖の歴史研究は、二十世紀の終わりに新たな幕が上がったばかりである。

三、和三盆の技術の成立時期

ここまで、江戸時代の砂糖生産を年代順に追い、その技術を検討してきた。以下にその概要をまとめて、本節の位置付けを述べることにしよう。

◉江戸時代の砂糖生産法の編年

江戸時代、輸入に頼っていた砂糖の国産化は、八代将軍・吉宗の殖産政策にはじまった。

我が国が砂糖生産に取り組んだ初期において、吉宗は長崎に来る中国の商人から製糖法の書付を提出させた。享保十一（一七二六）年九月の日付がある廈門船主・李大衡が提出した書付には、水分を含んだ土を砂糖の上に覆い置くことが記されている。

享保年間（一七一六〜三六）には砂糖精製法として、ショ糖の結晶と黒い蜜の混合体で固化または半固化している状態の砂糖の表面に土を載せて、ショ糖の結晶と黒色成分を含む蜜を分離して砂糖を白くする分蜜法の情報が入り、土を使った「覆土法」による白砂糖製法を研究していたと考えられた。吉宗以後、宝暦六（一七五六）年に幕府方が約八カ月もの間長府藩領に滞在し、砂糖製法を伝授された方法も土を使った「覆土法」であった。その効果として、土に含まれている水分の流下によって、ショ糖の結晶の周りに存在する黒色成分を含む蜜を洗い流すことの他に、水分を含んだ土がやがて乾いたときに起こりうる「毛管現象」によって土側へ黒い蜜が吸い上げられると考えられた。

その後、宝暦年間後期以降には、本草学者であり医師でもあった田村元雄が、乾いた土で「覆土法」の実験を行っていた。

その田村元雄が宝暦十一（一七六一）年に実際の砂糖生産普及者として幕府へ推挙したのは、武蔵国の名主・池上太郎左衛門幸豊であった。明和年間（一七六四〜七二）に幸豊が行った試作披露では、「絞る」「押し付ける」という簡易な「加圧法」が採られていた。このように加圧することによって強制的に蜜を分離する「加圧法」は、江戸時代後期になって現在の和三盆の産地によって初めて行われた方法ではなく、研究と実践過程において、「覆土法」と共に分蜜技術として存在していた。

一方、寛政年間（一七八九〜一八〇一）に入り、それまでは「秘法」とされていた砂糖製法を幕府は「公開」するべく舵を切り、「官」による砂糖製法書の版本『砂糖製作記』を出版した。しかしその製法は、土を使う「覆土法」のみの提示であった。

そして、本節で扱う高松藩と土佐藩の史料は、寛政年間に続く享和元年（一八〇一）のものである。同じ四国に領地をもつ藩であり、和三盆技術が花開いた地でもある、高松藩の史料については注目すべき部分、土佐藩の史料については和三盆技術を記している決定的な部分を中心に紹介したい。

なお、その後、大蔵永常が文政年間前期には大綱を記していたと考えられている『甘蔗大成』（武田科学振興財団・杏雨書屋所蔵）については、本書では割愛した。拙著『江戸時代の白砂糖生産法』（八坂書房）を参照されたい。

◉高松藩の製法

第二章六節で扱った池上太郎左衛門幸豊が、明和五（一七六八）年に江戸で高松藩士へ製法を伝授していた。その際、幸豊が試作で行っていた「絞る」「押し付ける」という「加圧法」によって黒い蜜を除去する方法が高松藩に伝わった可能性がある。

一方、五代藩主・松平頼恭に砂糖製作法の研究を命じられた藩医池田玄丈や、その遺志を継いだ湊村の医師向山周慶は、寛政元（一七八九）年か翌年初頭には製造法を一応完成させたとされている。しかしこのときにどのような製法を行っていたのかを示す史料は見つかっていない。

・『砂糖製法聞書』と『砂糖の製法扣』

讃州の砂糖生産技術を記した明治期の史料は比較的豊富であるが、江戸時代では本節で扱う享和元（一八〇一）年のもの以外には管見の限りみられない。

両史料は、技術書ではなく聞き書きであるので、実際に讃州で行われていた方法を知ることが出来る。本史料の記述者は、播州の小山氏で二冊ある。一冊は『砂糖製法聞書　全』（ケンショク「食」資料室所蔵）の表題があり、讃州白鳥浦新町の亀屋新吉が、播磨国二見から船出を待っていた際、小山氏が新吉から聞いた内容を記したもので、「于時享和元歳酉四月吉良」の跋《ばつ》〔あとがき〕がある。白鳥浦新町辺りは、高松藩八代藩主頼儀が寛政八（一七九六）年に巡幸した際に、サトウキビ栽培の最も盛んなところであったとされる。

もう一冊は『砂糖の製法扣《ひかえ》』（ケンショク「食」資料室所蔵）の表題があり、讃州へ赴こうとする人物から小山氏が聞いたことを記したもので、「享和元歳五月良辰日」の跋がある。この人物が讃州在住であるのか、『砂糖製法聞書　全』に出てくる亀屋新吉と別人であるのかは不明である。

両史料ともに、土を使用する「覆土法」について、全く言及していない。

以下、特色的な部分を紹介していくことにしよう。

・『砂糖製法聞書　全』にみる「筵曝」

『砂糖製法聞書　全』では、植木鉢のように底に穴の開いた容器で第一の分蜜を行い、その後、筵の上に広げるという方法が記されている。

分蜜法は以下のようにある。

一、濃縮糖液を直接「とうろう」〔瓦漏〕へ入れる。

二、櫂を入れることは、三、四度でもよく、また、入れなくてもかまわないと聞いている。ただし、そのときの糖液の状態によって判断すべきである。

三、二、三日のうちに、蜜はよく取れる。

四、「とうろう」〔瓦漏〕の中の砂糖を琉球筵の上へあけて、よく砕き、芦眼石を水に入れて、これを藁ぼうきで琉球筵の上へ少しずつかけておく。

五、その上へ砂糖を置いては芦眼石入りの水をかける。これを「さらす」という。二、三日置いておくと、色が白くなり乾く。

第二章五節で紹介した本草学者の田村元雄が下品の砂糖に行うとした「筵暴」（筵曝）とほぼ同様の方法とみていいだろう。

・『砂糖の製法扣』にみる「筵曝」

「大白砂糖」の作り方として、いくつかの分蜜法が記されている。

一、濃縮糖液を直接「とうろう」〔瓦漏〕へ入れて、櫂を何回も入れる。これは糖液を冷やすためである。二、三日も経つと結晶が出来てくる。

二、それを畚〔竹や藁で編んだかご〕に入れて吊し、下に蜜受けを置いて蜜が落ちるのを待つ。二〇日から二五日ほど経つと、蜜が抜けて砂糖になる。

三、畚の中の砂糖を琉球筵へ移して、手でよく揉みほぐし日に干す。干し上げてもまだ固まるようであれば、何回も揉んでは日に干す。これを「さらす」という。

四、畚に二四、五日も吊って置いても、ショ糖の結晶が出来ているにもかかわらず、蜜が抜けず粘りがある状態であると、日に干す「さらし」はうまくいかない。熊笹の灰を入れた水を適当に振りかけて、しめ船に入れて、しめ木で締めるか重石をかけて二〇日も置くと蜜が抜ける。これを三のように筵でさらす。

ここでの「とうろう」に植木鉢のように底に穴が開いているかは不明である。そして、畚という編んだ容器に、結晶と蜜の混合物である白下糖を入れて、重力によって、結晶の周りに存在する黒い蜜を滴下して、蜜を分離するという原始的な方法が記されている。その後、琉球筵に広げて天日に干して完成する。

・粘りがあって蜜が抜けないときに和三盆技術の機具を使用

結晶化がされていても、粘りがあって蜜が抜けないときに、熊笹灰の水を振りかけて「しめ船」に入れて「しめ木」で加圧するか重石をかけて加圧する、和三盆技術の基底をなす「加圧法」が示されている。

加圧して分蜜する際の容器と機具には、以下のような説明がある。

一、加圧するときに分蜜が進んでいない砂糖を入れるしめ箱は、早寿司桶〔押し寿司を作る桶〕に竹の簀の子を編んで四方へ当て、底に布を敷く。その中に砂糖を入れる。

二、しめ木を使って加圧するか、または重石をかける。楔を使って絞めてもよい。

三、本来は酒を絞る酒船の小さいものを用いる。寿司桶は当分の間に合わせである。

四、心得は、酒を絞るのと同様である。

加圧によって黒い蜜を除去するための容器などは、四角い箱状の早寿司桶・竹の簀子・布があれば対応出来ることを伝えている。三にあるように、「本来は酒を絞る酒船の小さいもの」と、現在の和三盆技術と同じ「押し船」の代わりが早寿司桶としている。早寿司桶であれば家庭にある家も多いだろう。

そして、加圧する際には、和三盆技術と同じく梃子《てこ》の原理を使う「しめ木」、シンプルに重石、楔を打ち込む方法が示されている。本章第一節で指摘したように、サトウキビを圧搾する轆轤《ろくろ》を用意することが出来ない人々へ提示していたのと同様の機具が出現している。砂糖製造には、「しぼる」という工程が、サトウキビの圧搾と、分蜜と二場面あるのだ。

これまで、現在の和三盆製作に使用する加圧機具として、梃子の原理を用いる「押し船」のみが注目されてきたが、楔を打ち込む圧搾具による加圧も行われていたのではないかと考えられる。

◉土佐藩の製法

次に、土佐藩に赴いて砂糖製法の伝授を行った荒木佐兵衛の著した方法を中心に、江戸時代後期における我が国の砂糖生産法について検討し、現在の和三盆技術の成立時期についてみていきたいと思う。

・荒木佐兵衛、土佐藩へ砂糖製法の伝授

荒木佐兵衛は江戸新橋の人とされる。佐兵衛は寛政十二（一八〇〇）年に土州に行き、享和元（一八〇一）年まで砂糖製法の技術指導にあたった。土佐藩が招聘したものではなく、自らが現地に行って砂糖製法技術者であると名乗り、採用されたものであったが、伝授された砂糖製作者らは、佐兵衛の碑を建立し、製法伝授の感謝の意を表した。

第二章六節で紹介した池上太郎左衛門幸豊が、土佐藩の馬詰親音へ寛政元（一七八九）年に砂糖製法を伝授しているが、幸豊宅での伝授であるので、現地での実践指導者として佐兵衛を位置付けることが出来よう。

・荒木佐兵衛が記した砂糖生産法の書

佐兵衛が記した砂糖生産法の書が二種ある。「享和改元仲冬」の跋がある『甘蔗作り方沙糖製法口傳書』（東北大学附属図書館・狩野文庫所蔵）と、「享和二壬戌年二月朔日」の跋がある『甘蔗作り方　全』（国立国会図書館・白井文庫所蔵）である。『享和元年本』と『享和二年本』の違いは、若干文字と数量の違いが認められるものの、大きな点では『享和二年本』には巻末に「砂糖製法付世間流布之説是非之辨」が付いていることと、割注が増えていることとである。

佐兵衛は土佐藩から享和元年十一月に暇を賜っているので、「享和改元仲冬」の跋がある『甘蔗作り方沙糖製法口傳書』は、土佐藩で砂糖製法の伝授を終了した時期にあたり、土佐藩へ伝授した方法と考えられる。そこで、本節では『甘蔗作り方沙糖製法口傳書』に依っている。

・和三盆と酷似した製法砂糖「煮干大白」

この佐兵衛の史料には、黒砂糖や土を使って砂糖を白くする「覆土法」も記されているが、ここでは和三盆技術とほぼ同じ作り方である「煮干大白」を紹介するにとどめ、和三盆技術の普及と位置付けてみたい。

サトウキビジュースを煮つめた後の、黒い蜜を取り除く分蜜法は以下のように記されている。

煮干晒方之事

一、砂糖ヲ布キレニ入レ清水エ蜆（此灰ヲ入ルコト大秘事ナリ）ノ灰ヲ見合ニ入レ右ノ砂糖エ手塩ニフリ、能々モミマゼ其儘包ミ、其上ヲ駄布ニテ包ミ晒臺ニ三四度モ掛クベシ、能白ク成ルヲ限リトス

是ヲ煮干大白ト云ナリ、糖家ニテ煮干ヲ下品トスルハ光リ抜ル故ナリ

この分蜜法は、白下糖を布切れに入れ、灰汁を手塩に振りかけてからよく揉み混ぜ、そのまま包み、さらにその上を駄布で包んで、「晒台」に三、四度も掛けるというものである。

このようにして出来上がった砂糖を「煮干大白」と称している。しかし、砂糖製作者は「煮干」を下品であるとしており、それは、光沢が抜けるからという理由を挙げている。

白下糖を布に包んでいる点と、水分をかけてよく揉むという点は、第一部で紹介したように、現在の和三盆の製作技術と酷似している。また、駄布に包まれた白下糖を「晒台」に三、四度も掛けるという表現から、「晒台」とは加圧する場所であったと推察される。すなわち、白下糖は駄布に包まれている状態なので、白下糖を広げておく台ではなく、「晒台」とは現在の和三盆製作に使用されている、「押し船」であったのではないかと考えられる。

なお、本史料と同時代の先にみた高松藩の享和元年の聞き書きである『砂糖の製法扣』には、竹や藁で編んだ畚に白下糖を入れて吊し、重力によって黒い蜜を滴り落とした後に、琉球筵の上に砂糖を広げて日に干すという方法が記されている。畚に吊しておいても蜜が抜けないときに「押し船」などを使用して「加圧法」を施すというものだった。蜜が抜けない場合の対処法が前提であるのに対して、佐兵衛は、水分を加えてよく揉み、それを布に包んでさらに駄布に包み「晒台」に何度か掛けるという、現在の和三盆技術の特色である操作を、独立した方法として記している。したがって、現在の和三盆と同様の分蜜法が、蜜が抜けない場合の対処法としてではなく、享保年間以降研究と実践が行われてきた「覆土法」とは別の独立した一方式として、享和元年の時点で確立していたと考えられるのである。

・「下品」と位置付けられていた「加圧法」の砂糖

「是ヲ煮干大白ト云ナリ、糖家ニテ煮干ヲ下品トスルハ光リ抜ル故ナリ」と、この方法で作られた砂糖は、砂糖製作を行う人々の間では光沢が抜けるので下品と位置付けられていた。したがって、「覆土法」によって作った砂糖の方が上品であったと考えられていた。

しかしこの「加圧法」が、一種の砂糖製法として位置付けられていることは、下品と認識されていた砂糖であっても、需要があったことを示している。

◉明治期、現在と同じ和三盆の名称と分蜜法を確認

明治初期に入ると、「押し船」を使用する「加圧法」による砂糖は、「三盆」と称されていたことが明治六（一八七三）年「教草」（写真1）、明治十四（一八八一）年『大日本物産図会』の図によって確認出来、分蜜技術と名称「押し船」共に、現在の和三盆と一致をみる。

「覆土法」による砂糖生産法がいつ頃に我が国から姿を消したのか定かではないが、織田顕次郎氏の「日本砂糖製造之記」『東京化学會誌』第一帙（一八八〇）によると、明治十三（一八八〇）年の時点では主流ではなかったようだ。この技術の変遷の事実は、すでに、醤油や酒などに使用する「押し船」とよばれる梃子の原理を利用した加圧用具が日本に存在したこと、および「押し船」の使用は大量分蜜が可能で、しかも分蜜日数が短いことから、後に「押し船」を使用した「加圧法」による分蜜法が主流となっていった理由ではないかと考える。

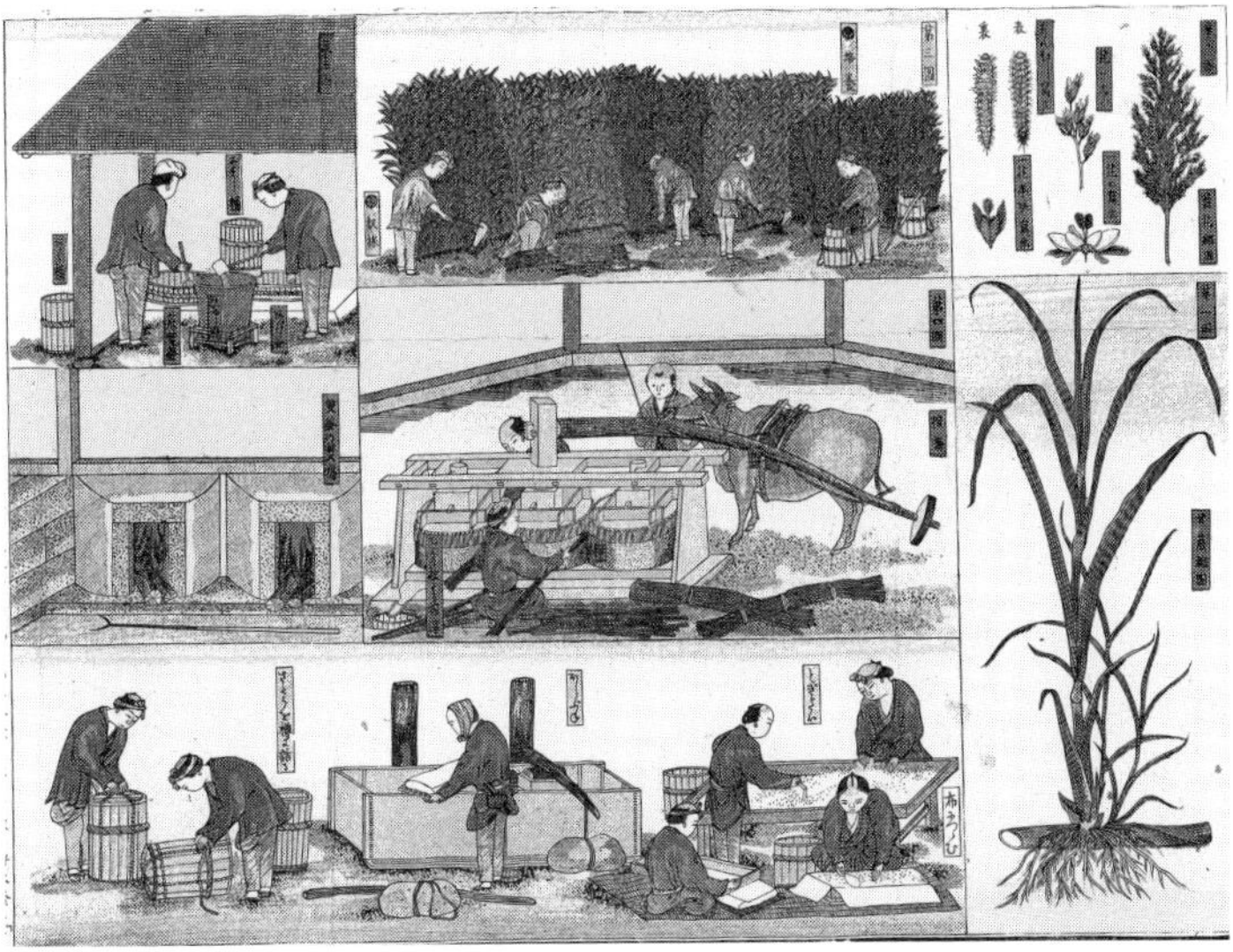

写真１　下段中央に、梃子の原理で加圧する「押し船」が描かれている（明治６年ウィーンで開催された万国博覧会に日本が参加するに際して、各府県から提出させた出品物の図説をもとに編成された『教草』より、「製糖一覧」の図）

四、日本人の砂糖の嗜好

前節では、技術的な面から、砂糖を白くするための方法が、土を使うものから、現在の和三盆技術である「加圧法」が主流になる過程をみた。本節では、その技術が支持されたことを、「日本人の嗜好」の面から考えてみたい。

◉秀吉・家康時代の日本人は黒砂糖を好んだ

興味深い報告がある。

「鎖国」以前のポルトガル貿易でも、日本人の嗜好を示す文章が見つかっている。岩生成一氏の「江戸時代の砂糖貿易について」（『日本学士院紀要』第三一巻第一号）、および岡 美穂子氏の「近世初期の南蛮貿易の輸出入品について―セビーリャ・インド文書館所蔵史料の分析から」（『東京大学史料編纂所研究紀要』第一八号）によると、日本でヨーロッパの国として初めて日本貿易を展開したポルトガルが、マカオで日本へ船載するために購入した黒砂糖は、白砂糖よりも安く購入したにもかかわらず、日本では白砂糖よりも高く売れたという。しかもその販売価格は、白砂糖が仕入れ値の二〜三倍であるのに対して、黒砂糖は何と一〇倍にもなったという。そして、白砂糖の需要はほとんどなく、日本人はむしろ黒砂糖を好むと記されている。

◉江戸時代中期以降も茶色い砂糖の方が高価

八百啓介氏の「十八世紀出島オランダ商館の砂糖貿易」（『近世オランダ貿易と鎖国』吉川弘文館）によれば、一七〇〇年前後のオランダ船が輸入した白糖には、Cabessa（上ランク）、Halve Cabessa（中ランク）、Bariga（下ランク）の三種の等級があり、長崎出島での取引価格は、下白糖が一番高く、また、仕入れ高から算出した利益率でも下白糖が一番高かったという。

さらに、粗糖（Muscovade）であるマスコバド糖も輸入しており、その利益率は、Cabessa（上ランク）の二倍以上であったとされている。

マスコバド糖とは、やや分蜜された茶色い砂糖のことである。

江戸時代の日本では、アジアから輸入された砂糖を基本的にそのまま使っていたが、ヨーロッパでは、中南米などのサトウキビの産地で煮詰め工程と第一段階の分蜜工程を終えた粗糖を、ヨーロッパの製糖工場へ送って精製していた。ヨーロッパでは、自国のプランテーションなどで作られた粗糖は、さらに手をかけた白砂糖よりも当然値段は安かった。

「砂糖は白い方が高い」あるいは「精製されればされるほど高い」という認識は、日本人には通用しなかったようだ。ヨーロッパ人にとっては、さぞかし大きな驚きだったに違いない。まだ分蜜が進んでいない粗糖や、下ランクの値段の方が高く、さらに利益率も上となれば、こんなに笑いが止まらない商売もないだろう。

黒砂糖、そして、蜜分が残る粗糖や下白糖の方が高く売れるというデータは、ショ糖だけのすっきりした甘さよりも、蜜分を含んだ甘さを好む、十六世紀後半から続く日本人の嗜好を示しているといえないだろうか。

現在の和三盆もうっすらと蜜が残っている。

「押し船」を使用して加圧して蜜を強制的に押し出す和三盆技術は、結晶の周りにうっすらと蜜が残ることに特色がある。

連綿と続く日本人の嗜好が和三盆技術を支持した理由でもあったのではないかと、私は考えている。

◉現代の工場製品、日本独特の上白糖にみる日本人の嗜好

私たちが、コーヒーや紅茶に入れるグラニュー糖は、次頁の表のように、ほぼ一〇〇％に近いショ糖で出来ている。このショ糖の甘さは、あっさりとしていてクセがないので、洋菓子に使われている。それもそのはず、外国ではグラニュー糖が基本砂糖であるからだ。

転化糖は、グラニュー糖には〇・〇一％とほとんど入っていない。転化糖とは、精製する前の原料糖である粗糖に由来しているブドウ糖と果糖の混合物のことで、ショ糖と異なった味で、甘味が強い。

家庭で一般的に使われている砂糖が、しっとりとした上白糖だ。この上白糖には、転化糖液（ビスコという）が最終の製造工程で掛けられている。その結果、甘味も強く、しっとりとした白砂糖になっている。転化糖液を掛ける上白糖は、日本独特の製法であり、外国では作られていない。

和三盆は、第一部でみた製法であるが、茶色い蜜に含まれる転化糖がグラニュー糖に比べて多い。

したがって甘味も強く、蜜中のミネラルや着色成分によって独特の風味がでている。

黒砂糖は、ショ糖分が七五〜八六％と少なく、転化糖は二〜七％と多いので強い甘味がある。

このように、私たち日本人の好む砂糖の甘味の強さの一因は転化糖にある。

秀吉・家康時代、日本人は白砂糖よりも黒砂糖を好み、江戸時代中期のオランダ人の日本貿易においても、精製される前段階の茶色い粗糖の方が、利益率が高かった。黒砂糖も粗糖もどちらも転化糖の含有率が高い。

転化糖液を掛ける上白糖が日本独自の砂糖であるというものうなずける話だ。

転化糖の甘さを好む日本人の嗜好性が十六世紀以降、連綿と続いているといえないだろうか。

代表的な砂糖の成分

	ショ糖	転化糖	ミネラル	水分	色調
グラニュー糖	99.95%	0.01	0.01	0.02	白色
上　白　糖	97.80	1.30	0.02	0.80	白色
和　三　盆	97.70	0.50	0.70	0.30	卵色
原　料　糖	97.70	0.70	0.45	0.50	黄褐色
黒　砂　糖	75~86	2.0~7.0	1.3~1.5	5.0~8.0	黒褐色

『砂糖類情報』掲載記事（お砂糖豆知識「砂糖のあれこれ」精糖工業会 2000 年 1 月、河田昌子「お菓子の世界における砂糖の役割」2001 年 6 月）により作成

第三部

ベトナムに日本の砂糖生産の源流を求めて

第一章　失われつつあるベトナムの糖蜜

一、二十世紀末に「シュガー・プログラム」を制定したベトナム

第二部の一章で記したように、日本は、江戸時代にベトナムから砂糖を輸入していた。ベトナムには、日本のみならず、世界と歴史的な関わりを持っていた砂糖文化がある。

今、急速な経済成長を続けるベトナム。それに伴い、砂糖生産はどのような歩みを進めてきたか。第三部は、私が一九年前に同国を訪ね、伝統的な砂糖生産を調査した報告と、その後どう変貌したか、現地を再訪した記録である。

国際的・政治的・経済的な視点からは、農畜産業振興機構・調査情報部調査課「ベトナム砂糖産業の概要について」（『砂糖類情報』二〇〇八年六月号）と、同・調査情報部・植田彩「ベトナムの砂糖事情」（『砂糖類・でん粉情報』二〇一三年十月号）に詳しくまとめられているので参照されたい。

これらの調査は、砂糖の輸入国だったベトナムが、輸出国に至るまでの経緯と状況をリポートしたものである。一九九〇年代に入ると、ベトナムは経済成長に伴って国内の砂糖の需要が増加し、需要量の半分を輸入に頼っている状態だった。そこで、政府が一九九五年に国内の砂糖産業の振興を図る「シュガー・プログラム」*を制定し、砂糖産業は急速に成長したという。また、一九九〇年代半ばまでは、遠心分離器を使用せずに砂糖を製造する手工業的砂糖生産（handicraft）が中心であったとしている。

ここでは、近代的な工場であるミルで遠心分離機を使用して生産される砂糖ではなく、手工業的砂糖生産について報告する。ベトナムで伝統的な砂糖生産は消失しつつある。一九年前の調査は、まさに「伝統の記録」と言えるのではないかと思う。またこの時期は、一九九五年に始まった「シュガー・プログラム」が進行中で、ベトナムの砂糖作りが手工業的砂糖生産からミルでの生産への転換期にも当たっている。一九九八年八月と翌三月に実施した調査を中心に、二〇一七年二月に再訪して確認した「今」の様子を含め紹介する。

＊Sugar Program：制定の目的は、①国内製糖産業の確立、②農村地域の振興、③貧困農民の救済、など。コメや野菜に比べ、肥沃な土地を必要としないサトウキビ栽培と、製糖工程を必要とする砂糖産業は、農村の自立的な発展、工業化を達成し、農民の貧困化を解決するものとされた。

二、ベトナム中部は歴史的に砂糖の産地

インドシナ半島の南シナ海に面し、南北に細長く広がるベトナムの中でも、筆者はかつて交趾《こうち》と呼ばれていた中部地域に着目してきた（次頁図１）。

ベトナム中部に位置する江戸時代の国際貿易都市ホイアンへは、朱印船貿易によって、日本から多くの商船が訪れていた。また「鎖国」後は日本人の渡航は禁止されたが、唐船貿易（中国だけでなく、アジア各国の船籍も含まれる）は江戸時代を通じて長崎で行われており、ベトナムのみならず東南アジアの産物が日本へ輸入されていた。

第二部の一章二節で紹介している江戸時代にベトナムに漂着した日本人も、ホイアンで白砂糖や氷砂糖が俵詰めされるところを目撃している。ベトナム中部は、砂糖の産地として名声を帯びていた地なのである。

また前述のように、西川如見《じょけん》の『増補華夷通商考《かいつうしょうこう》』（一七〇八年刊行）においても、交趾土産として、「砂糖　白、黒、氷、浮石糖、砂糖蜜」とはっきり紹介されるほど砂糖の産地として有名であった。交趾の土産は、固形の砂糖だけではなく、砂糖蜜もあった。「砂糖」と記述されているので、明らかに蜂蜜ではなくサトウキビを原料にして作られる蜜のことだ。

本章は、この蜜がテーマである。

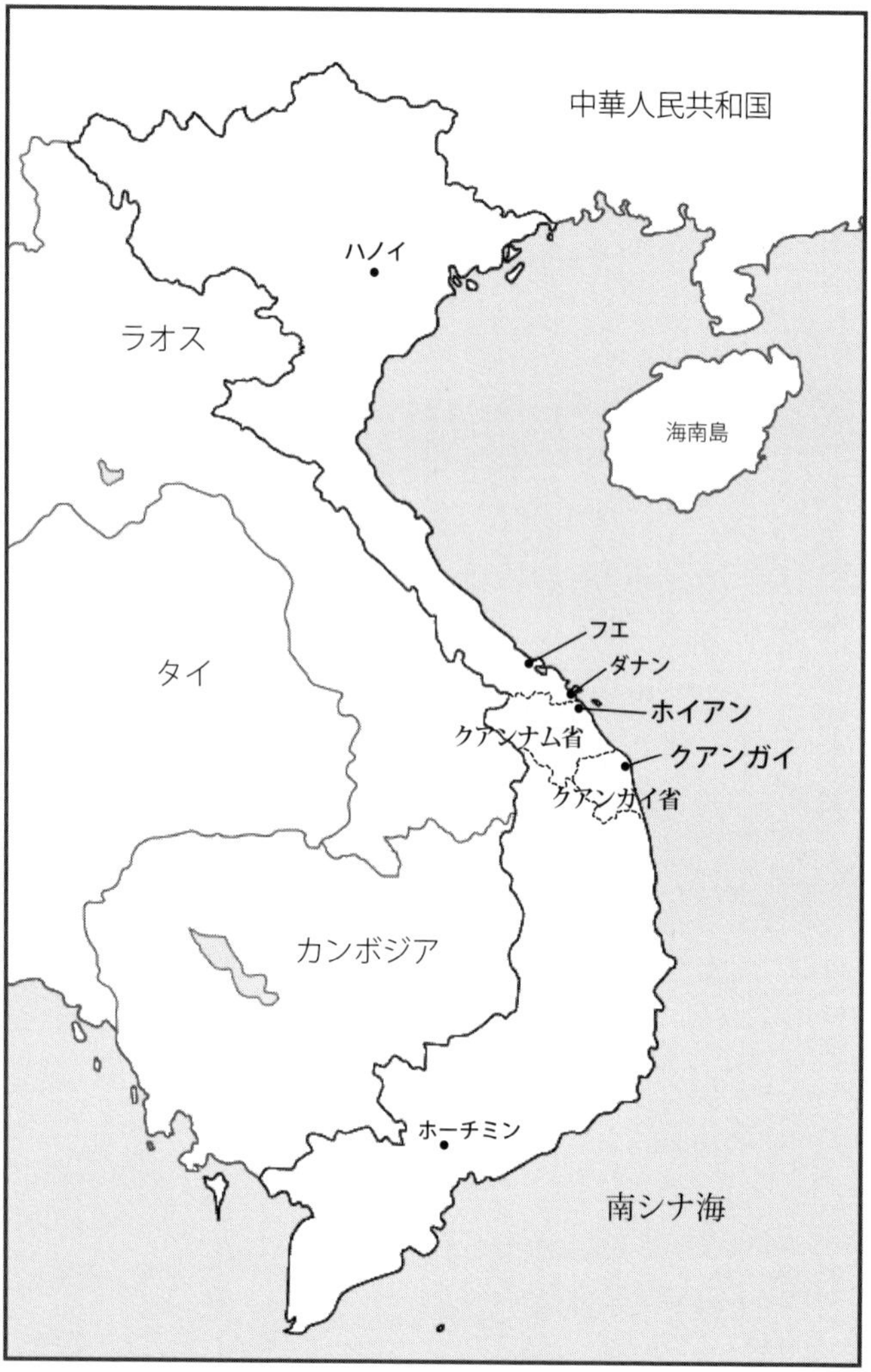
中華人民共和国
ハノイ
ラオス
海南島
タイ
フエ
ダナン
ホイアン
クアンナム省
クアンガイ
クアンガイ省
カンボジア
ホーチミン
南シナ海

図１　ベトナム地図

三、徳川家康に献上された「白蜜」

ベトナムとの国交は、古くは徳川幕府、家康の時代にさかのぼる。慶長六（一六〇一）年夏に、ベトナム中部を支配していた阮《グエン》氏の国書を携えた商船が日本に来航した。このときの献上品に「白蜜拾埕」という記述がある。

埕《てい》とは、酒を入れるような甕《かめ》のことで、それに入れられて献上されたとすると、粘性を持った液体状の蜜ということになろう。「白い蜜」とあるので、四章で述べるような氷砂糖を作った後に残る蜜ではないだろうか。

氷砂糖は、遠心分離機がない時代においても白砂糖から作られていた。分蜜された砂糖から作られていたので、副産物として得られる蜜も着色がほとんどされていない蜜であったと考えられる。

一方、サトウキビのジュースを煮詰めて作る糖蜜もある。物理的操作によって不純物を取り除くことが出来ても黒色成分までは除去出来ないので、褐色あるいは黒色の蜜である。

本章は、この糖蜜の製造を手工業的砂糖生産工房（以下「工房」という）によって行っている農家の事例を中心に紹介する。【事例一】は工房の設備投資とその背景を記し、【事例二】が実際の糖蜜作りの採録で、【事例三】は糖蜜を利用するゼリーシュガー作りの工程である。調査地は、ベトナム中部でも歴史的に最大の砂糖生産地として挙げられているクアンガイ省である（図１）。

四、ベトナムにおける伝統的な砂糖生産

【事例一】

ａ工房の拡充

ブイ・トリさん（五十八歳）はサトウキビとコメを栽培する農家で、工房のオーナーでもある。父の職業を受け継いで、三〇年間糖蜜を製造している。

一九九八年まで水牛を動力としてサトウキビを圧搾していたが、翌年からディーゼルエンジンの機械に変え、釜も新しくした。

聞き取りによる工房の工事費用は、レンガやセメントなどの資材費、モーターなどの機材費に人件費を加えて、合計五〇九万ドン（四万七二〇円）となっている。断りがない限り、為替レートは一ドン＝〇・〇〇八円（訪問した一九九九年三月当時のＴＴＳ相場の平均値）を使用した。

なお、レンガとセメントは、煮詰める釜の土台作りに必要な材料である。

工房の工事費用

費　目	数　量	費　用	
レンガ	2000 個	68 万ドン	(5440 円)
セメント	2.5 袋	12 万ドン	(960 円)
鉄製の棒	6 本	5 万ドン	(400 円)
モーター、ローラー機材	一式	350 万ドン	(2 万 8000 円)
鍋	6 個	24 万ドン	(1920 円)
人件費		50 万ドン	(4000 円)
	合　計	509 万ドン	(4 万 720 円)

これだけ投資するのは、①サトウキビを運ぶトラックが彼の畑まで来られないため、サトウキビをミルに売ることが出来ない、②糖蜜に対するニーズがある、③圧搾されたサトウキビの搾り粕であるバガスは調理用の燃料に使うことが出来る、からだという。

なかでも、糖蜜のニーズがあることが大きい。糖蜜の販売による収入は、トラックが通行出来ない地区のサトウキビ栽培農家を支えているのである。

実際、ここの工房を探し出すのに、車を降りて二時間ほど歩き回った。自転車やオートバイは通行出来ても四輪車が入れない地区がまだまだあることを実感した。「シュガー・プログラム」の恩恵が得られない地区の実情がそこにはあった。

ｂ 工房のシステム（利用概要）

糖蜜は十月から翌三月にかけて製造する。工房が稼働するのは、週に平均四日ほどである。トリさんを訪ねる顧客には、糖蜜を購入する人たちの他に、糖蜜の製造を委託または工房の設備を借りようとするサトウキビ栽培農家もいる。工房の稼働概要は、次の通りである。

糖蜜を作る作業は朝七時から始め、夕方五時まで行う。サトウキビを持ち込んだ農家は、トリさんに対し完成した糖蜜二二〇リットル当たり七万五〇〇〇ドン（六〇〇円）を支払う。この金額は、サトウキビのジュースを煮詰める工程を行う二人の熟練工の人件費と工房の使用料金に相当する。トリさんはサトウキビを煮詰める熟練工一人当たり一万七五〇〇ドン（一四〇円）を支払っている。

一方、サトウキビの圧搾を補助する女性たち六人の賃金（一人当たり一万五〇〇〇ドン〔一二〇円〕）は、サトウキビを持ち込んだ農家が負担する。工房の設備を借りて自ら製造する農家の場合、熟練工二人には朝・昼・夜の三食を、補助する女性六人には昼食のみを提供する。

【事例二】

a　実際の糖蜜製造の採録

実際にどのように糖蜜を製造しているのか、別の農家の例で紹介しよう。こちらはサトウキビの圧搾に水牛の動力を使用して、圧搾機のローラーを回転させている。

ター・ホアさん（六十四歳）は、栽培したサトウキビをミルやサトウキビのジュースを売る露天商に販売している他、自宅の庭に常設している工房で製造した糖蜜を販売して生計を立てている。

糖蜜の製造は毎月二十日間行う。しかし、一九九八年は大雨のため、十月と十一月には糖蜜を製造出来ず、十二月も数日間しか製造に当てる期間がなかった。

糖蜜の販売価格は、季節により異なり、四月から十二月までが一キログラム当たり三二〇〇ドン（二六円）、一月から三月までが同三〇〇〇ドン（二四円）である。一トンのサトウキビから二〇〇キログラムの糖蜜が製造出来るため、その量を一日で販売する。人件費を控除する前の一日当たりの売り上げ（四〜十二月）は、六四万ドン（五一二〇円、三二〇〇ドン×二〇〇キログラム）になる。

ホアさんは、圧搾する作業員と煮詰める熟練工を雇っている。工房には、三連垂直型の圧搾機があ

写真１　事例２の釜を焚き口側から見る

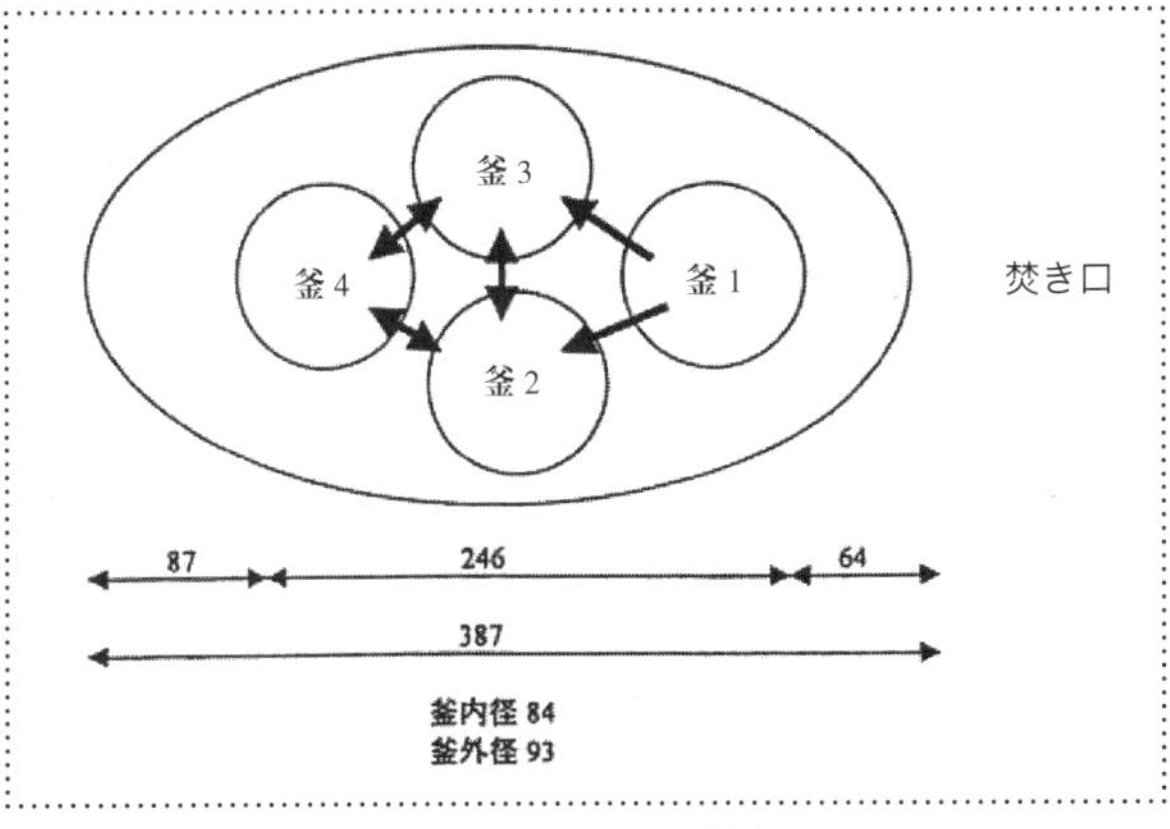

図２　事例２の釜の配置図

るものの、発電機がないため、近所の人から水牛を借りて圧搾機の周りを歩かせ、畜力によって、圧搾機のローラーを回転させている。

水牛の使用料金は一日当たり一万ドン（八〇円）、サトウキビの圧搾などの補助で雇う四人の女性たちの賃金は一人一日当たり三万ドン（二四〇円、二食付き）、煮つめる熟練工二人の賃金は同四万ドン（三二〇円、三食付き）、食事を調理する料理人の賃金は同二万ドン（一六〇円、三食付き）である。

b 糖蜜製造の概要

次に、ホアさんの工房での糖蜜製造の様子を少し詳しくみることにする。

ホアさんの工房で使っている四つの釜の概観（写真1）とそれぞれの釜の糖液の移動手順を矢印で示した（図2）。

工程を観察しながら、糖液の温度、pHおよび糖度を示すブリックス（屈折率）を測定した。使用した機器は、pH計はD-21S（堀場製作所製）、手持屈折計はN-1E、N-2E、N-3E（アタゴ製）である。工程は、次のようになる。

❶水牛を歩かせて三連垂直型の圧搾機を回転させる。採録日のサトウキビの品種はF56、310、POR I[*1]である（写真2・3）（水牛一頭目のジュースは温度二七度、pH五・六〇、ブリックス七・〇％。水牛二頭目のジュースは温度二八度、pH五・三〇、ブリックス六・八％）。

写真２　手前が釜で、奥に三連式のローラーを回す水牛が見える

写真３　三連式のローラーの両側でサトウキビの茎をローラーの間に入れる人、それを受け取る人がそれぞれ作業をしている

写真４　圧搾したサトウキビジュースをネットに通して釜に入れる

写真５ 小穴が開いたお玉で、アクをすくい取る

❷サトウキビのジュースはネットで漉して釜１へ入れる（写真４）。

❸釜１のジュースが加熱されて約一五分後に、焼いた赤貝殻を砕いた粉を入れ、浮いてくるアクをすくい取る（写真５）。

❹釜２〜３に糖液を移動させながら煮詰める。

❺アクを取りながら加熱一時間後（糖液に泡が立ってきて一〇〇度を超えた頃）、四種の葉（グァバ、ジャックフルーツ、スターアップル、その他これに類するもの）をすりつぶして搾った水溶液に、焼いた赤貝殻の粉とピーナツオイルを加えた液を釜２〜４に入れる。緑がかった透明感を出すため

という。*2

❻釜3の糖液を釜2と4に分け入れ、加熱開始から三時間一五分で糖蜜が出来る（釜2の糖蜜の温度は一〇五度、pH五・二八、ブリックス七四・〇％、釜4の糖蜜の温度は一〇五度、pH五・二二、ブリックス七四・〇％）。

完成した糖蜜は、主にゼリーシュガー（ドン・デオ）を作る業者に販売される。

＊1 聞き取りに基づく品種。NCo310、POJの可能性がある。
＊2 今回これらの葉の水溶液を使用したのは、糖蜜を製造した残りの糖液をさらに煮詰めて、円錐形の砂糖（ドン・ムン）を作るためである。ドン・ムンの作り方は三章で紹介する。

【事例三】

ａ ゼリーシュガー作り

糖蜜を仕入れて自宅などでさらに煮詰め、ナッツ類を加えて缶に入れ、密閉して市場や菓子店へ卸すことを仕事にしている人々がいる。

ボー・フンさん（三十三歳）は、ゼリー状の茶色い水飴に似た缶入りの商品を販売するのが主な仕事で、三月は旬であるメロンも売る。

フンさんの顧客は、小売店六〜七軒と市場関係者である。

繁忙期は十月からテト休暇*にかけての時期で一日に一〇〇缶ほど売れ、収穫の季節を迎える三月、六月、十月も需要が高い。材料となる糖蜜製造の最盛期は十月から翌四月までである。糖蜜の販売価格は、十月から十二月までの間は下がり（一リットル当たり三〇〇〇ドン〔二四円〕）、三月から九月頃までは上がる（一リットル当たり五〇〇〇ドン〔四〇円〕）。

*テトは、ベトナムの旧暦の正月に当たり、旧暦で数えるため年によって日付が異なるが、おおむね一月下旬から二月下旬の間。この日を含む前後は、公的機関や企業などが休みとなる。

b　ゼリーシュガー作りの工程

フンさんはこの日、ゼリーシュガー作りのために一キログラム四〇〇〇ドン（三二円）で仕入れた糖蜜をゼリーシュガーに加工し、容積二七〇cc入りの空き缶に詰めて一缶当たり三〇〇〇ドン（二四円）で販売する予定だった。

作るところを見せていただいたが、約三〇分で糖蜜からゼリーシュガーが完成した。手順は、以下の通り。

❶糖蜜五リットルを鍋に入れて火にかける（温度三二度、pH四・六五、ブリックス七四・〇％）。
❷五分後、布に糖蜜を通して濾過する。
❸濾過された糖蜜をさらに約二五分間煮詰めていく（温度一一五度、pH四・〇五、ブリックス

七六・八％）。

❹水に糖液を浸してねばねばと手に付かなくなったら、火から下ろす（温度一一四度、pH三・八九、ブリックス七七・〇％）。

❺糖蜜を一〇個の空き缶に流し込み、温度を早く下げるために缶を水に浸す（写真6）。

❻糖蜜の表面に揚げたピーナッツを乗せる。

❼糖蜜がまだ温かいうちに、缶の蓋をして密閉させる。

この缶入りの商品は、市場や小売店で見かけることが出来る。ただし、穀物から作る水飴も同様に缶入りなので、区別が付きにくく注意が必要だ。

◉二〇一七年二月訪問時の概況

前出の植田の調査では、「同国の砂糖生産には、遠心分離機にかけずに砂糖を製造する手工業的砂糖生産（Handicraft）がある。これにより生産された砂糖（Handicraft 糖）は、

写真６　糖蜜を煮詰めて出来上がったゼリーシュガーを缶に入れる

二〇〇〇／〇一年度に三〇万トン近く生産されていたが、二〇〇四／〇五年度にはコスト高の問題から一八万トンと大幅に減少している」と、手工業的砂糖生産が減少していることを記している。

二〇一七年における手工業的砂糖生産の生産量のデータは持ち合わせないが、二〇〇四／〇五年度の一八トンからさらに減少していることは想像に難くない。ベトナム中部で砂糖の有名産地であったクアンガイ省クアンガイ市の市場関係者が、工房の多くが閉鎖されたことを教えてくれた。

◉ベトナム中部・クアンガイ市場

国際貿易都市であったホイアンが位置するクアンナム省の南に位置するクアンガイ省のクアンガイ市場を一八年ぶりに訪れた。数年前に焼失し、その後再建されたという市場は、コンクリート造りで、ゆったりとした空間になっていた。二階に上がると、いろいろな砂糖を扱っている専門店が七軒あった。

ミルで作られたグラニュー糖は、白色と薄茶色のものがどちらも一キログラム当たり一万八〇〇〇ドン（九〇円〔一ドン＝〇・〇〇五円、二〇一七年二月末日TTS相場の値〕。以下同じ）、氷砂糖が同二万三〇〇〇ドン（一一五円）、ゼリーシュガーが一缶当たり一万ドン（五〇円）だった（写真7）。

かつてはサトウキビのジュースを煮詰めた糖蜜から作られていたこのゼリーシュガーは、ミルで生産されたグラニュー糖から作られていた。着色するために、ミルの茶色っぽいグラニュー糖を使用するというケースと、白いグラニュー糖にモラセス〔砂糖の精製工程で出来る結晶の周りの黒い蜜〕を加えるという手法が認められた。わざわざ茶色くするところが、「伝統の色」を引き継いでいると言える。

写真 7　2017 年 2 月、クアンガイ市場で。ラベルが貼ってある缶が穀物から作る水飴で、貼っていない缶が、ゼリーシュガーである

第二章　黒砂糖——含蜜糖の色はいろいろ

黒色成分を含む蜜をまったく取り除かないで、蜜と結晶を一緒に固めたものを、「含蜜糖《がんみつとう》」と総称している。黒砂糖が代表的な含蜜糖である。しかし、後述するが、ベトナムでは黒砂糖とは記し難い色の含蜜糖も現れている。

一方、「分蜜糖《ぶんみつとう》」とは、ここでは一度でも結晶の周りに存在する蜜を取り除いて脱色する工程を行った砂糖のこととする。第三章では、植木鉢のように底に穴の開いた容器で第一の分蜜を行い、土を使って第二の分蜜を行う分蜜糖について紹介する。

一、『和漢三才図会』が伝える「毬糖」か!?

ベトナム中部はかつて交趾《こうち》と呼ばれていた。

江戸時代、まだ日本で砂糖の国産化に成功していない頃、この交趾産の黒砂糖の質が一番良かったと、日本で初めての絵入り百科事典『和漢三才図会』が伝えていることを第二章一節で記した。

この『和漢三才図会』には、砂糖の形状についての記述もある。「毬者《タマナル》ヲ毬糖ト為」と、球状の砂糖があったことを伝えている（写真１）。

一八年前（一九九九年）にベトナム中部を訪れた際に、クアンナム省のかつての国際貿易都市ホイアンの市場で半円球状の含蜜糖を見たとき、「これこそ、『和漢三才図会』が伝える「毬糖」ではないか？」と心躍った。

半円球状の黒砂糖を二つ合わせると球状になるからである。

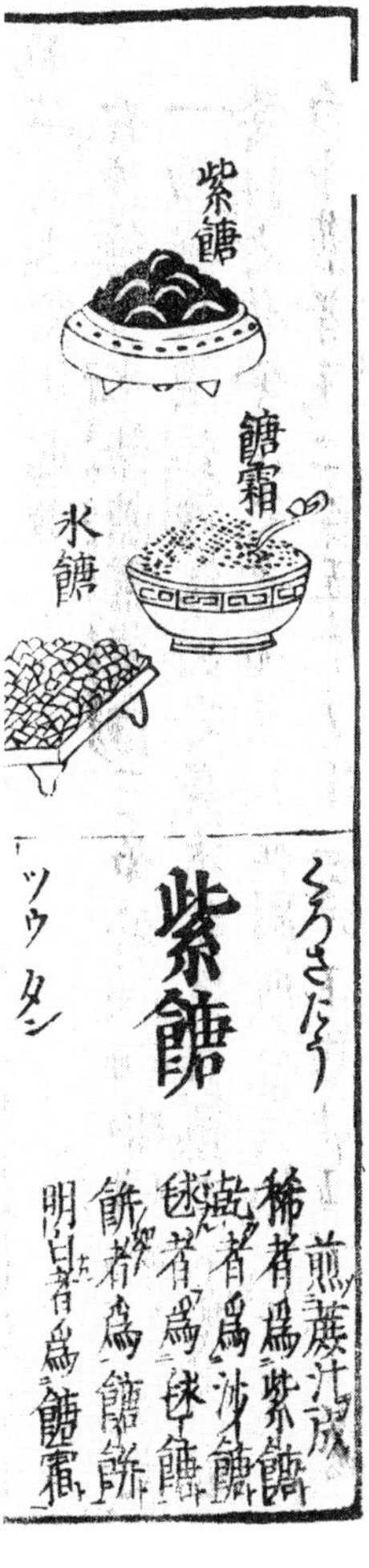

写真１　『和漢三才図会』に記述が残る「毬糖」（国立国会図書館所蔵）

二、半円球状の砂糖「ドン・バ」の製造法

クアンナム省ホイアンから車で一時間ほどのクエソン村にて一九九九年に採録した、現地で「ドン・バ」と呼ばれる半円球状の分蜜しない砂糖（含蜜糖）の製造法を紹介しよう。分蜜しない黒砂糖なのだが、色がいろいろあり、「黒砂糖」と表記しにくいので、現地の名前で記すことにした。

伝統的な工房のオーナーであるヌエン・ヴァン・トゥオングさんは、おじいさんの代からドン・バの製造を始めた。父親の代まで牛をぐるぐると歩かせて動力とし、圧搾機を回転させていたが、調査時はモーターを使用していた。また、五年前に釜を三つから五つに増やした。

この工房では、同氏が所有する圃場《ほじょう》のサトウキビからドン・バを製造するだけではなく、近隣の農家に機材一式を貸し出して、ドン・バを製造している。

同氏によると、一九九九年は、二月中旬からドン・バの製造を始め、四月下旬に終わる予定とのことであった。

製造工程は次のようになる。

［製造工程］

❶モーターで圧搾機のローラーを約三〇分間回転させて、一回分（一鍋分）のサトウキビを圧搾する。

❷一列に五つの鍋が並んだ釜の一つ目の鍋に、サトウキビのジュースを入れて煮詰めていく。約一〇分すると一つ目の鍋が沸騰してくる。それを二つ目、三つ目、四つ目、五つ目の鍋に入れて約二〇分間加熱していく。

❸煮詰め上がった濃縮糖液を、三つの桶に分け入れ、三人がそれぞれの桶を抱え込むようにして、すり鉢にすりこ木を当てる要領で攪拌していく（写真２）。結晶が析出し、冷めるにしたがって

写真２　濃縮糖液を攪拌して結晶を析出させる

写真３　ボウルは44個並べられている。攪拌した濃縮糖液をボウルの八分目ほどまでまず入れていく。その後、冷えて粘度が増した底部の半固化状態になっている砂糖をその上に乗せるように流し込む

粘度が増してくる。かき混ぜている時間は五分強だった。

❹まだ熱くて流動性がある結晶が析出している濃縮糖液をステンレス製のボウルに入れていく（写真3）。

❺三つの桶の底の方に残っている半固化状態の砂糖を一つの桶にまとめてから、先に入れたボウルの上に流し入れ、盛り付けるように形を整えていく。

❻ボウルから取り出すと、半円球状のドン・バの出来上がりである（写真4）。

写真４　1999年当時のヌエン・ヴァン・トゥオングさん。固まったドン・バをボウルから外しているところ

この工程を一日平均二〇回行う。一工程で半円球状のドン・バを平均四四個製造出来るが、地元の仲買人に販売する場合は二つを重ねて円球状にして売るため、商品点数は二二点となる。同氏は、このドン・バを一点（半円球状のドン・バが二個）当たり六〇〇〇ドン（四八円〔一ドン＝〇・〇〇八円、一九九九年三月TTS相場の平均値〕）で販売していた。

◉ドン・バの等級

出来上がるドン・バの色は、①サトウキビそのものの質、②石灰の量とそれを加える技術、③サトウキビのジュースに含まれる水分の量、によるという。

そして、ドン・バの値段は、その色によって三つの等級に分けられている。

最も低い等級の色は黒色で、一点五〇〇〇ドン（四〇円）である。同氏のドン・バのランクでもある中位等級の色は茶色で、先に述べたように一点六〇〇〇ドン（四八円）である。最上位のドン・バは黄色みがかり、一点八〇〇〇ドン（六四円）と中位等級の約一・三倍の高値で取引される。同氏はまだ最上位のドン・バを製造したことはないが、作り方は難しくないと言っていた。

三、現代におけるドン・バ製造

◉一八年後の再会

それから一八年後の二〇一七年三月一日、トゥオングさんを訪ねた（写真5）。トゥオングさんの家族も

写真５　2017年に再訪した際にお会いしたヌエン・ヴァン・トゥオングさんご一家。左端がトゥオングさん

写真６　ベトナム中部クアンナム省ホイアン市ホイアン市場の穀物売り場に置かれていたグラニュー糖。オレンジ色に着色されたグラニュー糖も下方に積んである

写真７　ホイアン市場で売られていたドン・バ。これも、グラニュー糖を「材料」にして作られたドン・バだという

私のことを覚えていてくれた。

六十二歳になっていたトゥオングさんは、五年前にドン・バの製造を止めたという。理由は、若者の多くが集落を離れ、都市部へ移り住んでしまったことにより、労力を要するドン・バの製造を補助する人材が確保出来なくなったからという。同氏は作業が比較的簡単なピーナツオイル作りに切り替えており、収入は、ドン・バを製造していた五年前と変わらないという。

そこで、なおも残るドン・バを探し求め、クアンナム省ホイアン市にあるホイアン市場を訪ねた。一八年ぶりに訪れたホイアン市場は、建て替えられてきれいになっていた。砂糖は、穀物売り場にあり、そこには、近代的な工場であるミルで生産されたグラニュー糖が並んでいた。白色のほか、うっすらと茶色いもの、そして、驚いたのは、オレンジ色に着色されたグラニュー糖があったことだ（写真6）。いずれも値段は、一袋五〇〇グラム入りで九〇〇〇ドン（四五円〔一ドン＝〇・〇〇五円、二〇一七年二月末日TTS相場の値〕）である。

半円球状のドン・バもあった（写真7）。黒・茶色、そしてオレンジ色のグラニュー糖から作られたドン・バもあった。オレンジ色と黄色の中間のような色をしている（写真8）。一個当たり約六五〇グラムで一万五〇〇〇ドン（七五円）である。このときホイアン市場に入荷されていたドン・バは、ホイアン市があるクアンナム省地域で製造されたものだということを市場関係者から教えてもらったので、早速ドン・バを製造している工房を訪ねた。

◉グラニュー糖が主材料のドン・バ

トラン・タイ・トゥエ（五十三歳）さんの工房は、グラニュー

写真８　オレンジ色のグラニュー糖から作られたドン・バ

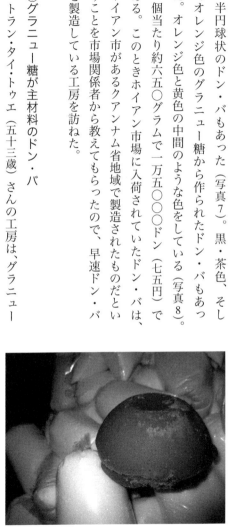

糖を材料にして製造しており、サトウキビを圧搾する機械や工程が不要なため、鍋が一つの釜があるだけだった（写真９）。しかしながら、年間七〇トンのグラニュー糖を使ってドン・バを製造するというトゥエさんの工房は、グラニュー糖の大袋が積まれた、「加工所」というのが似つかわしい佇まいだった。

二七サオ（sào、九七二〇平方メートル〔一サオ＝三六〇平方メートル〕*）の田畑を所有するトゥエさん

写真９　グラニュー糖からドン・バを作る工房は、鍋も１つでこぢんまりしていた

写真10　ベトナム南部から入手したパームシュガーを少し混ぜる

によると、ドン・バは三八年前から製造を始めたという。当初は、サトウキビを圧搾して製造していたが、気候の変化とサトウキビ栽培の収入が低かったことから、一五年前からミルで生産された白いグラニュー糖を使うようになったという。

一回当たりグラニュー糖三五キログラム、パームシュガー五キログラム（写真10）、水一〇キログラムに、購入した糖蜜（写真11）を加えて製造する。ベトナム南部から仕入れたパームシュガーの塊と糖蜜を加えることによって、パームシュガーが味に風味を与え、そして糖蜜が着色と味の決め手となり、茶色いドン・バが製造される。

ベトナム南部ではパームの木からも砂糖が作られている。パームシュガー（ヤシ糖ともいう）はサトウキビと違って独特の風味があり、私は好んでいる。ドン・バの売値は一個約八五〇グラムで一万一五〇〇ドン（五八円）だという。

＊一サオは四七〇平方メートルとする地域もある。

写真11　ベトナム南部から購入した糖蜜。これを混ぜることによって茶色くなる

写真 12　工房の全様。手前が竈。右手奥に見える設備が六連式の垂直ローラーによるサトウキビの茎の圧搾機である。中央奥はバガス（圧搾後のサトウキビ）の山

写真 13　鍋は５つで、右手側が焚口となっている

◉今なお残るサトウキビを原料としたドン・バ

一方、ホイアン市場の関係者から、クアンナム省内陸部の山中にあるビン・イエン（Binh Yen）村では、今もサトウキビのジュースからドン・バを製造しているという情報を得た。ホイアン市から車で内陸側に向かって約二時間、曲がりくねる山道を走り、いくつかの山を越えたところにその村はあった。

オーナーのヴァン・リーさんは、一四年前に圧搾機や釜を購入してドン・バの製造を始めた。当初は、二サオ（七二〇平方メートル）の土地からサトウキビの栽培を始めたが、集落を離れた農家からサトウキビ畑を購入するなどして、現在は二〇サオ（七二〇〇平方メートル）の土地で栽培している。

ドン・バの製造は十一月から十二月の二カ月間に、一日平均一〇回行い、合計二〇〇個を製造する。売値は、一個（八〇〇グラム）当たり二万五〇〇〇ドン（一二五円）である。

年間の売上は約八〇〇〇万ドン（四〇万円）で、経費を控除した手取り収入は四〇〇〇万ドン（二〇万円）である。なお、一四年前までの年収は五〇〇万〜一〇〇〇万ドン（二万五〇〇〇〜五万円）の間であったという。

ドン・バの製造に必要な圧搾機と釜は、自宅から少し離れたサトウキビ畑の真ん中にあった（写真12・13）。

刈り取りが終わった畑にはすでにサトウキビが植え付けられていて、茎の節から伸びた新芽が一〇センチから三〇センチくらいまで成長していた。工房にある圧搾機は、六本のローラーを三本ずつ縦に配置し、その間にサトウキビの茎を差し込むという初めて見る構造だった（写真14・15）。サトウキビの茎が接する圧搾面が長くとれ、六メートルはありそうな長い茎を差し込むには、効率が良さそうなのは想像がつく。ローラーの高さは五〇センチもなく、土台、脚部を含めてもコンパクトな設計だ。

写真 14　どのように圧搾するのか見せるため、サトウキビを１本切ってくれた。6 m 以上はある。先の部分は切り取ってから圧搾する

写真 15　垂直式三連ローラーを並列に並べ、その間にサトウキビの茎を差し込むという方式である。手前右下からサトウキビの茎を入れて圧搾の仕方を教えてくれた

この辺りの地域では、ミルで生産されたグラニュー糖を材料にしてドン・バを製造する人はいないという。在庫としてわずかに残されていたドン・バは、ずっしりと重かった（写真16）。

◉「加工品」のドン・バも「伝統」の味

この一八年という歳月の間に、ドン・バの製造を止めた人、新たに始めた人、「加工品」のドン・バの製造に切り替えた人と、三者三様の歩みがあった。

クアンナム省の山間の村で一軒、サトウキビのジュースを煮つめて作る含蜜糖ドン・バが存在したことは、「伝統」の底力を見たような気がする。

一方で、「加工品」となったドン・バも、「伝統」の継承の上に成立している商品であることは言うまでもない。見た目は同じ。①サトウキビを「原料」にして作る半球状のドン・バ、②グラニュー糖を「材料」にして作る半球状のドン・バ――違うストーリーのドン・バは、最初は別物に感じたが、「伝統」の味は同じだった。

写真16　サトウキビから作られたドン・バを手にするリーさんと奥様

第三章　ベトナムで発見！　土を使った白砂糖製造法

一、江戸時代に伝来した白砂糖の製造法

江戸幕府の八代将軍・吉宗が活躍した時代、日本は砂糖の国産化を目指した。しかし、国産化には、原料となるサトウキビの栽培から砂糖の製造に至るまで、多岐にわたる知識や技術を習得することが必須となる。

そこで幕府は、第二部の一章三節で記したように、長崎に来航した貿易船（唐船）の船長からサトウキビの栽培法や、砂糖の製法に関する書付を提出させている。

このとき、中国から伝わった白砂糖を製造する技術は、植木鉢のような底に穴の開いた素焼き容器を用いて分蜜し、土を活用して色素を除去する「覆土法《ふくどほう》」と称する方法であった。この技法は、日本にはすでに現存せず、また、他国でももはや行われていないとみられていた。しかし、一八年前にベ

トナムを訪れた際、その技術が残されていることが分かった。しかも、江戸時代に日本で研究および実践されていた方法と同じであった。

二、分蜜糖「ドン・ムン」

第一章でも紹介した通り、ベトナム中部のクアンガイ省は近代的な工場ミルが立地する中にあっても、なお手工業的な砂糖生産技術が数多く残っており、文化的にも、産業的にも砂糖生産の一大拠点となっている。

◉クアンガイ市場に、円錐形の砂糖の塊が！

一八年前にクアンガイ市内の市場を訪れ、甕《かめ》の上に竹の支柱で固定された「ドン・ムン」と呼ばれる円錐形の砂糖の塊が並べられている光景を目にしたとき、とても感激した。102頁写真4の『物類品隲《ぶつるいひんしつ》』に描かれている円錐形の容器で分蜜する方法と酷似していたからである。

ドン・ムンは、黒い蜜が重力により下方に移動し、

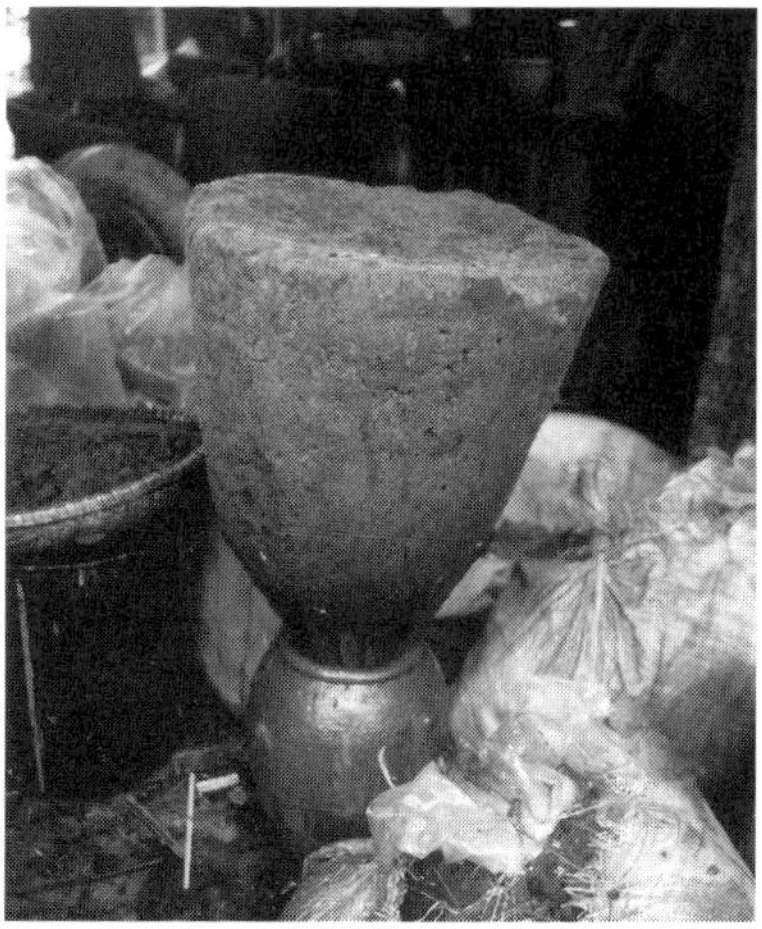

写真1　クアンガイ市場に並ぶ「ドン・ムン」

やがて甕に滴り落ちる仕組みで分蜜される（写真1）。

市場関係者から、ドン・ムンはチンチャウという地区から買い付けていることを聞き、早速訪ねた。第一章では、車が通行出来ない地区がベトナムにはまだあり、そういった場所で糖蜜が製造されていることを伝えたが、チンチャウの伝統的な工房までの道のりも同様、車では通ることが出来ず、ミルへサトウキビを運ぶことが出来ない地区であった。

◉仮設式の砂糖工房

車を降りて一本道を歩くこと四〇分、やっとの思いでたどり着いた地には、絵に描いたような田園風景が広がり、遮るものが何もないその畑の真ん中に工房が二棟建っていた。ここのオーナーによれば、このような場所にあるのは仮設の工房で（写真2）、砂糖の製造が始まる十二月の直前に設置し、製造が終わる翌三月には撤収して畑に戻すのだという。

写真2　チンチャウに設置された工房

工房を訪れると、七つの釜が並んでいた（写真３）。そして、その傍らには穴の開いた円錐形の容器もあった（写真４）。また、商人がドン・ムンをちょうど買い付けに来ていた。工房で見たドン・ムンは、まだベタベタとしている円錐形の黒砂糖の塊であり、クアンガイ市場で見かけたものとは明らかに質感が異なっていた。工房では、いつもこの状態で販売しているという。分蜜の工程は、工房から販売された以後に行われていることが理解出来た。すなわち、クアンガイ市場ではドン・ムンを分蜜しながら販売していたのである。

写真３　工房の釜

写真４　工房で使用する素焼き容器

◉工房の運営

工房は、グエン・フンさん（四十五歳）と、フンさんの弟、叔父二人が共同で経営している。グエンさん一家にとって砂糖生産は、祖父の代から受け継がれている職業だという。以前は、畜力でサトウキビを圧搾し、四つの釜で製造する程度であったというが、一九九〇年に一人当たり四〇〇万ドンを投資し、圧搾機の動力をディーゼルエンジンに替えるなどして現在の製造能力に引き上げた。

工房は、家の庭や畑に常設していないことに特色がある。工房を設置する土地は借地であり、月々二万ドン（一六〇円）を支払っているという。なお、工房の設営には一週間程度の日数を要するが、撤去は一日程度で行える。

次に、作業体制として、ドン・ムンの製造期間中、工房では三人が従事し、残り一人が所有する田畑の管理作業に当たっており、各工程や作業の配置は毎日ローテーションを組んで対応している。フンさんらは、サトウキビのジュースを均一に煮詰める熟練した技量があることから、外部から熟練工を雇用する必要がないという。

サトウキビは、栽培した農家が直接工房に運び込んでいるが、他の農家のサトウキビと混ざることを防ぐため、一戸のサトウキビからドン・ムンを作り終えた後に、次の農家のサトウキビを搬入する体制となっている。加えて、サトウキビの圧搾作業は、搬入した農家などが行うこととなっている。ただし、搬入や圧搾に係る作業に対する賃金は発生していない。ドン・ムンは、集落機能や農家の生計を維持していくため、「互助・共助」的な支え合いの仕組みの中で製造されていた。

このようにして完成したドン・ムンは、サトウキビを栽培する農家が自ら販売し、農家が得た収入の一〇％をフンさんらに支払う契約となっている。フンさんらが得た収入の半分は工房のメンテナンス経費に充て、残り半分は工房での従事日数に応じて各人に分配される。

◉ベトナム農村地帯における生計事情

フンさんは、五・五サオ（一九八〇平方メートル）の農地を所有し、うち一・五サオ（五四〇平方メートル）でサトウキビを栽培しているため、自らドン・ムンの製造・販売も行っている。このため、ドン・ムンの委託製造により得た分配金と、ドン・ムンの販売によって得られる収入が生計の大きな柱である。また、サトウキビ以外の農地で栽培する米の販売収入のほか、ドン・ムンの製造期間中に他の村へ熟練工として出稼ぎに行っており、そこで得られる収入も重要な収入源となっている。

私が訪問した前年のフンさんの年収は三二〇万五〇〇〇ドン（二万五六四〇円）だった。ただし、訪問した年は、悪天候が続き、サトウキビが不作であったことに加え、他の村からの熟練工の派遣要請がなかったことなどから、例年の年収と比べると少なくなるということであった。

三、土を使って砂糖を白くする「覆土法」

フンさんの工房を訪れた際、『物類品隲《ぶつるいひんしつ》』に記されたような土を使って砂糖の色素を除去する方法があるとの情報を得た。しかも、畑の土や乾いた土ではなく、水田に隣接する湿地の土を使用するという。

製法の概略は、以下の三つに大別出来る。

加熱：サトウキビを圧搾して得たジュースを釜の中に入れて煮詰め、濃縮糖液を作る。それを円錐形の素焼き容器に流し込んで部分結晶化させた砂糖を作る。

分蜜：容器の底の穴の栓を抜いて、黒い蜜を落下させて分蜜する。

脱色：固化している砂糖の上部表面に泥を乗せてさらに分蜜、そして色素を除去する。

詳細な工程は図1、釜の配置図と糖液の移動は図2に示す。なお、工程を観察しながら、糖液の温度、pH、ブリックス（屈折率）を測定し、各工程中に示した。使用した機器は、pH計はD-21S（堀場製作所製）、手持屈折計はN-1E、N-2E、N-3E（アタゴ製）である。

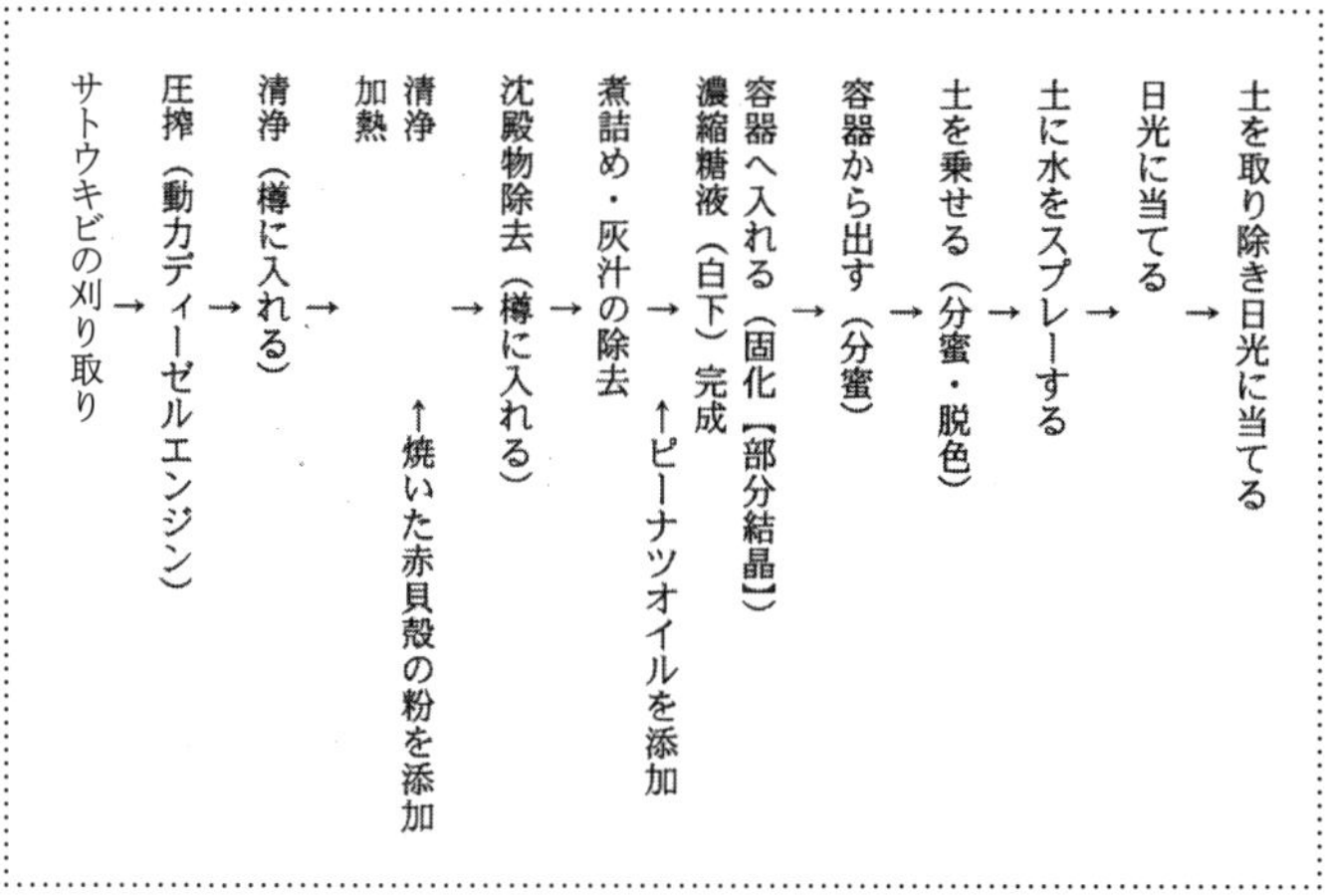

図１　【事例 1】の製造工程

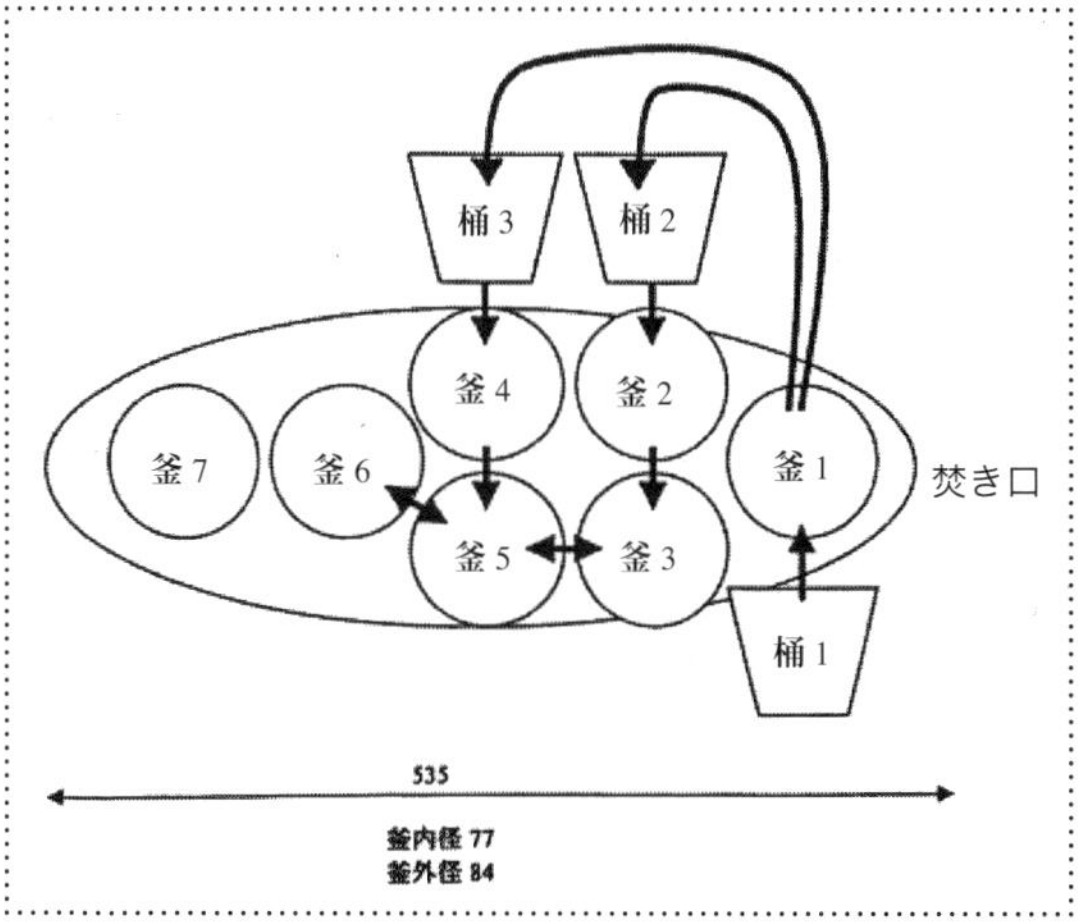

図２　【事例 1】の釜の配置図

◉土を使って砂糖の色素を除去する方法【事例一】

❶ディーゼルエンジンを動力とした垂直三連ローラー式圧搾機を駆動させる。採録日のサトウキビの品種はＦ56である。

❷底から約一五センチメートル上に注ぎ口がある桶１にサトウキビのジュースを入れる。浮遊物と沈澱物が入らないよう静かに桶１のジュースを釜１へ入れる（ジュースの温度三三度、pH四・九六、ブリックス九・〇％）。

❸釜１で約三〇分加熱する。加熱を始めてから約一〇分経過後、焼いた赤貝の殻の粉を入れる。

❹釜１から桶２と桶３へ入れ、約三〇分間不純物が沈殿するのを待つ。

❺図２に示した矢印のように、釜２〜５の糖液を移動させながら浮いてきたアクを取り除き、最終的に釜６で煮詰めて濃縮させる（訪問日は釜７を使用しなかった）。途中、吹きこぼれそうになったときはピーナツオイルを一〜二滴加える。

❻濃縮糖液の仕上がり具合を指で触って確認した後、バガス（圧搾後のサトウキビ）で底の穴をふさいだ素焼き容器に移し入れ

写真５　水田に隣接した湿地の土を採取する

る（濃縮糖液の温度一一五度、pH五・五七、ブリックス七七・〇％）。

❼濃縮糖液を素焼き容器に入れてから約一五分経過後、容器内側に沿って金属製のヘラを差し入れ、外側から中央に向かってゆっくりと数回かき混ぜる。

❽約一日経過後、円錐形の塊になって固まっているので容器から外し、補助具を使用して立て置き、重力によって黒い蜜を落下させる。

❾立て置いてから二日経過後（素焼き容器に濃縮糖液を入れてから三日後）、黒い蜜の落下が進んだ砂糖の上部側面をバナナの葉で巻き、水田に隣接した湿地から採取した白みがかった土をよくこね、円錐形の塊となった砂糖の上面を塗りふさぐ（写真５・６・７）。

写真６　土をよく練って砂糖の上面を塗りふさぐ

写真７　砂糖の上面を土で塗りふさいだ様子

写真８　土の表面に毛管現象によるとみられる黒い色素の移行が見られる

写真９　土を取り除いて天日に当てる

❿土をかぶせてから五日経過後（素焼き容器に濃縮糖液を入れてから八日後）から天日干しする。土をかぶせてから天日干しするまで二回ほど、手水を振りかけ、土の表面を湿らす。

⓫土をかぶせて七日経過後（素焼き容器に濃縮糖液を入れてから一〇日後）、土を取り除くと、土の表面に毛管現象によるものと思われる色素の移行が認められる（写真８）。さらに天日干しする（写真９）。

⓬土を取り除いて八日経過後（素焼き容器に濃縮糖液を入れてから一八日後）、工程のすべてが完了する。

◉土を使って砂糖の色素を除去する方法【事例二】

本章一節で紹介したター・ホアさんの協力を得て、ドン・ムンを用いて「覆土法」により色素を除去する工程を再現してもらったので、次に記す。なお、製造工程の概略と釜図は図3と図4である。

土を取り除き容器から出して日光に当てる
→ 土を乗せる（分蜜・脱色）
→ 容器へ入れる（固化【部分結晶】）
濃縮糖液（白下）完成
→ ←ピーナツオイルを添加
煮詰め・灰汁の除去
→ 4種の葉の水溶液と←焼いた赤貝殻の粉、ピーナツオイルを添加
清浄
加熱
→ ←焼いた赤貝殻の粉を添加
清浄（ネットを通す）→
圧搾（動力水牛）→
サトウキビの刈り取り →

図３　【事例２】の製造工程

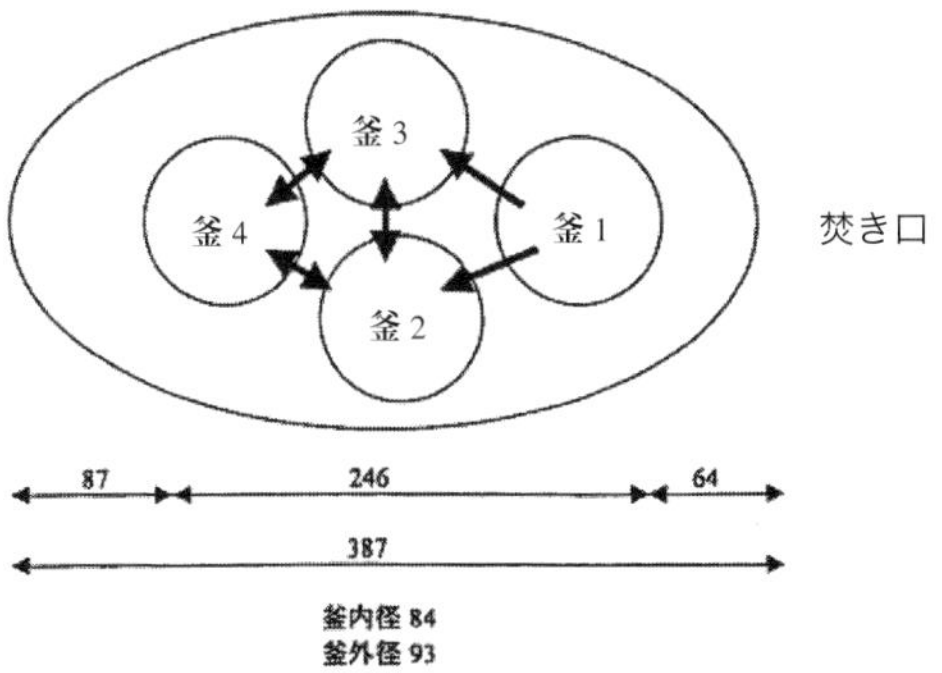

図４　【事例２】の釜の配置図

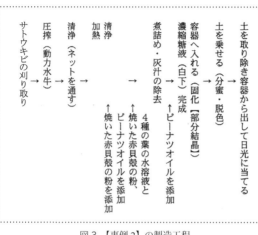

写真10　素焼き容器の底の穴を藁でふさいだ様子

写真11　素焼き容器の内側にピーナツオイルを塗る

事例一と同様に工程でポイントとなる糖液の温度、pH、ブリックス（屈折率）を測定している。

❶糖蜜製造よりもさらに糖液を加熱し濃縮させる。

❷釜2～4が途中、吹きこぼれそうになったときは、焼いた赤貝の殻の粉入りピーナツオイルを一～二滴加える。濃縮糖液を釜2にまとめ、糖液の状態を水に垂らして確認した後、運搬用のバケツへ移す（濃縮糖液の温度一一四度、pH四・九二、ブリックス七九・〇％）。

❸藁で穴をふさいだ素焼き容器の下部を土に埋めて（写真10）、容器の内面にピーナツオイルを塗

る（写真11）。濃縮糖液を容器の半分くらいまで入れる。

❹容器内側に沿って金属製のヘラを差し入れ、外側から中央に向かってゆっくりと数回かき混ぜる（写真12）。

❺翌日、濃縮糖液が固化していることを確認後、工具で削って上部表面を平らにならし（写真13）、この日に煮詰めた濃縮糖液をさらに注ぐ。固化している表面との境目をなくすために、さらに表面部を削りながらかき混ぜる（濃縮糖液の温度一一九度、pH四・八五、ブリックス七九・〇％）。

写真12　濃縮糖液をかき混ぜる

写真13　固化した砂糖の表面を削る

❻容器に濃縮糖液を入れ終えてから二日後、固化している砂糖を一旦取り出し（写真14）、底辺部を切り落とす。洗った素焼き容器に砂糖を戻し入れ、容器ごと甕の上に置く。このとき、容器の

写真14　素焼き容器から固化した砂糖を取り出す

写真15　水田の泥を注ぐ

写真16　取り除いた土の砂糖との接触面が黒くなっていることがわかる

穴をふさいでいる藁を取り除く。そして、重力によって黒い蜜を落下させる。

❼砂糖が入った素焼き容器の上部を水田の泥（よくこねて水分を含んでいる状態のもの）を注いでふさぎ、軒先で保管する（写真15）。

❽土をかぶせて七日経過後（素焼き容器に濃縮糖液を入れてから九日後）、土を取り除くと砂糖との接触面に若干色素の移行が認められる（写真16）。

❾素焼き容器から砂糖を取り出して天日干しし、二日経過後（容器に濃縮糖液を入れてから一一日後）、工程のすべてが完了する。

四、「覆土法」によって色素が除去された砂糖

覆土法の工程を経て色素が除去された砂糖は、「これが白糖か!?」と驚くほど灰色がかっていた。図5は【事例一】の砂糖の上層部の切片、図6は【事例二】の砂糖の上層部の切片である。

【事例一】の切片を見ると、断面に白っぽい筋状の模様が表れている。しかし、実際の色味は「白」というよりはやや黒みを帯びたシルバー色といったところだ。参考までに【事例一】と【事例二】の砂糖の明度（L*）および色度（a*、b*）を測定したので次表に示す（表1、2）。なお、基準試料は、全く分蜜されていない濃縮糖液（白下*）とした。

*結晶と黒い蜜が混ざり合った状態のもの。

図５　【事例 1】の砂糖の切片

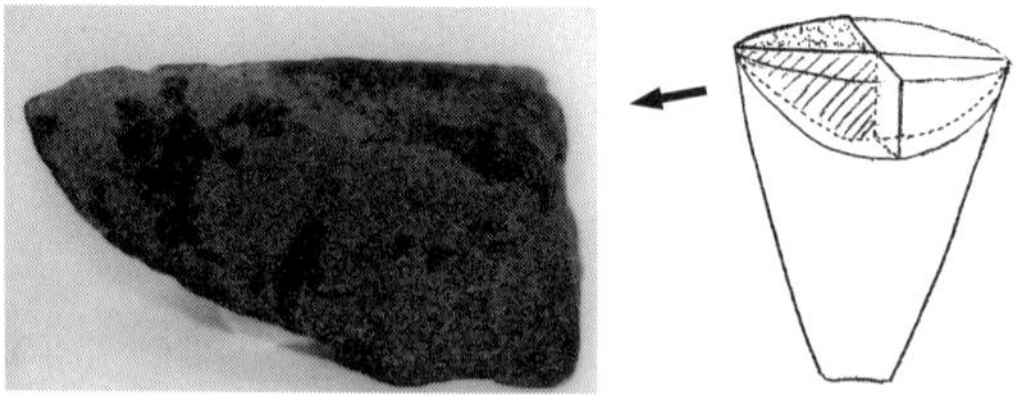

図６　【事例 2】の砂糖の切片

★斜線部は切り出した箇所を示す。

表２　【事例 2】の砂糖の明度・彩度

	L*	a*	b*
基準試料（濃縮糖液〔白下〕）	23.80	1.30	0.70
上層部表面より 1cm	32.30	6.80	12.30
2cm	29.60	5.80	11.50
3cm	30.50	6.60	12.30
4cm	31.80	6.70	13.30
5cm	27.40	5.40	9.00
6cm	17.60	2.30	1.70
7cm	22.90	6.20	10.20
8cm	23.80	5.20	8.90
9cm	25.30	5.50	9.60
10cm	26.50	5.60	8.60
中層部	18.40	3.30	3.20
	19.10	1.10	0.60
	21.10	1.20	0.20
	21.70	1.40	1.60
下層部水平断面	19.90	0.70	−0.40
	19.20	0.50	−0.60
下層部最低部	18.60	1.10	0.70
	17.50	0.70	0.20

表１　【事例 1】の砂糖の明度・彩度

	L*	a*	b*
基準試料（濃縮糖液〔白下〕）	26.70	3.50	6.30
上層部表面より 1cm	47.50	3.90	12.30
2cm	46.00	3.70	11.70
3cm	41.60	3.70	11.50
4cm	35.10	4.50	11.50
5cm	35.00	5.30	11.90
6cm	35.50	5.20	11.80
7cm	26.80	4.20	7.80
8cm	20.70	3.50	5.30
9cm	23.40	2.90	3.10
10cm	15.20	2.60	3.00
中層部	34.80	7.60	16.00
	35.00	7.40	15.90
	36.10	7.40	15.90
	30.40	6.40	12.60
下層部水平断面	25.80	2.20	2.70
	22.00	2.90	8.40
	22.70	2.90	4.10
下層部最低部	20.50	2.60	3.20
	21.90	3.30	5.20
	20.60	3.20	4.20

★L* は 0 が黒、100 が白。
a* はプラスだと赤、マイナスだと緑の色味が強くなる。
b* はプラスだと黄、マイナスだと青の色味が強くなる。

【事例一】の砂糖の明度（L*の値）を見ると、最上部から下側一センチメートルの地点が最も高く四七・五〇で、基準試料（明度二六・七〇）と比べ明度が高いことがわかる。同三センチメートルの地点までは明らかに脱色が進んでおり、同四～六センチメートルの地点では三五・〇〇台に低下、同七センチメートルの地点では基準試料とほぼ同じになっている。下側に向かってだんだんと明度が下がっているのは、重力によって黒色成分が落下し、それがたまっているからだと考えられる。また、砂糖の上層部を覆った土に含まれる水分が黒い蜜とともに落下した通り道は、より脱色されたものと思われる。

上層部から下側の中層部は暗い褐色、下層部は黒色に近い上、黒い蜜がたまって粘性が高かった。【事例二】については、「覆土法」による色素の除去があまりうまくいかなかったものと考えられ、全体的に明度が低かった。

五、覆土による効果

「覆土法」の原理は、重力により砂糖を覆った土の水分が下降することで、砂糖の結晶の周りに付着した着色成分をゆっくり洗い流しているものと解釈されている。今回の事例もこの原理が働いていることを示している。それと同時に、新たな発見を得ることが出来た。改めて、写真8の砂糖を覆う土を見ていただきたい。土の表面に黒い色素が染み出していることが確認出来る。これは、毛管現象の働きにより乾いた土に黒い蜜が移動しているものと考えられる。

覆土による効果は、砂糖に水分を供給し、結晶を洗い流す役割に加えて、毛管現象により乾いた土が余分な黒い蜜を吸い上げることで脱色を促進させる効果もあるのではないだろうか。この調査は、「覆土法」の解釈の幅を広げる重要な事例となった。

六、様変わりした農村の暮らしとドン・ムン

二〇一七年にチンチャウを再訪したときは、グエンさんの自宅前まで車で行くことが出来た。その代わり、サトウキビ畑や工房は見当たらなかった。サトウキビ栽培と砂糖製造は、労働量が収入に見合わなくなり、一五年前に止めていた。同時期に他の農家もサトウキビの栽培を止めたという。かつてサトウキビが栽培されていた畑は米、トウモロコシ、野菜が栽培されており、現在の年収は四八〇〇万ドン（二四万円（一ドン＝〇・〇〇五円、二〇一七年二月末

写真17　2017年2月に再会したグエンさん。2014年に増築した家の前で

日TTS相場の平均値〕）となっていた。

他方、現在のクアンガイ市場に並ぶドン・ムンは、グラニュー糖に糖蜜を加えて作られたもので、一キログラム当たり二万一〇〇〇ドン（一〇五円）で売られていた（写真18・19）。グラニュー糖の価格（二万八〇〇〇ドン（九〇円））よりは高いが、氷砂糖の価格（二万三〇〇〇ドン（一一五円））よりは安かった。一八年前にも、グラニュー糖から作られたドン・

写真18　ドン・ムンを半分に割った断面。再結晶された不揃いの結晶がくっついて固まっている様子がわかる

写真19　上段に４つ並んでいるのが、グラニュー糖から作られたドン・ムン。縦半分に割られてビニールで包まれている。下が、洗面器大の大きなドン・バ

ムンがあったが、圧倒的にサトウキビから作られるドン・ムンが主流であった。しかし、サトウキビから作られるドン・ムンは一一～一二年前に市場から姿を消したようである。

グラニュー糖から作られるドン・ムンは、砂糖を販売する業者の自宅で製造されているといい、完成するまでに一週間かかるという。その作り方は、❶茶色いグラニュー糖と糖蜜に水を加えて約一時間煮詰めて、糖液をバケツ様の容器に入れる、❷約三〇分後、表面の泡を取り除き一晩置く、❸容器から取り出し、黒い蜜が落ちるようにして、一週間砂糖の塊を放置する、❹一週間後、天日干しして乾かす、❺二つに切り割って包装する、というものであった。

写真20　左が切り分けたドン・ムン。右がグラニュー糖と糖蜜で作った大きいドン・バを切り分けたもの

グラニュー糖から作るとはいえ、手間がかかっていると言えよう。クアンガイ省では確かなニーズがあり、ドン・ムンは「チェ（che)」という豆を使ったデザートに欠かせない食材であるという。また、割り砕いてそのまま食べる食べ方も以前から変わらず根付いている（写真20）。実際に食したところ、簡単にかみ砕くことが出来、蜜の風味が残っているため、氷砂糖とも全く違う食感であった。

第四章　グラニュー糖から作る氷砂糖

一、ベトナムで見た伝統的な氷砂糖の製造法

前にも記したが、徳川家康の時代、ベトナムとの国交が盛んになり、慶長十五（一六一〇）年にもベトナム船が日本にやってきた。そのときの献上品に、「氷糖一〇壺」というのがある。氷砂糖はまだこの頃の日本では、献上品とされるほど貴重品だったのであろう。

また、江戸時代中期に日本人漂着民が氷砂糖の山をベトナム中部で見ていた。

それから約二五〇年の時を経て、一九九九年三月に調査をした伝統的な氷砂糖の作り方を紹介したい。場所は、ベトナム中部のクアンガイ省の工房である。

フン・タイ・コさん（六十三歳）がオーナーで、ご主人はもう亡くなっているが生前は一緒に氷砂糖を作っていた。コさんのおじいさんも氷砂糖作りに従事していたという一家である。コさんの息子

であるヌエン・サンさん（三十二歳）が、砂糖液を煮詰めて実際に氷砂糖製造を担当している。

◉以前の材料はドン・ムン

調査時は、ミルで作られるグラニュー糖を使用していたが、それ以前は、第三章で紹介した円錐形のドン・ムンを購入して使っていたとのこと。ドン・ムンは黄色っぽくて、よりおいしく、ミルのグラニュー糖は白いがより質が良いというわけではないというのが彼女の評である。

しかも、ドン・ムンの半分から下は分蜜が進まずに茶色っぽいので、黒い蜜を取り除く工程は、工房で行っていたという。ドン・ムンの分蜜が進んでいない下部半分を切り、それを底部に穴の開いた容器にぴったりと入れ込んで、ペースト状の泥をその表面に乗せ、七～八日間そのままにしておいて、黒い蜜を取り除いていたという。土を使って黒い蜜を取り除く方法が、氷砂糖製造においても行なわれていたことが嬉しくなった。彼女が評したように、ドン・ムンの方がグラニュー糖を材料にして作るよりもおいしいということが、この地でドン・ムンが愛され続けている理由であろう。

しかし、土を使う方法は手間と日数がかかる。やむを得ずグラニュー糖に切り替えたというのが実情のようだ。

◉一九九九年にはグラニュー糖が材料

グラニュー糖は一袋五〇キログラム入りで、当時の値段は、一キロ当たり五八〇〇ドン（四六円）

で入荷し、氷砂糖を作って、一キロ当たり七四〇〇ドン（五九円）で売る。結晶を成長させるスチール製（一九九〇年までは素焼き）の容器には、一つ当たり一五〇キログラムのグラニュー糖を使用する。これから、氷砂糖約八〇キログラムと、白色がかった透明な蜜が四〇リットル得られる。蜜は、ビスケットやアイスクリーム製造業者に売る。売値は一リットルにつき五一〇〇ドン（四一円）。この蜜こそ、第一章三節で紹介した徳川家康にベトナム中部の阮《グエン》氏が献上した「白蜜」ではないかと私は考えている。

また、氷砂糖の他に、細かな砂糖の結晶が残るが、これらは最初のグラニュー糖を煮溶かすときに加えて一緒に加熱する。

仕事は、早朝三時から始め、夕方六時に終える。一日に一一個の糸を釣った容器を満たす糖液を作る。そのまま置いておいて、氷砂糖が出来るのは一週間後である。

次に製造工程を記そう。

［製造工程］

❶グラニュー糖五〇キログラムにつき約二〇リットルの水を入れて鍋にかけ、加熱する。

❷卵三個を溶いて鍋に入れる。

写真1　二口の竈でグラニュー糖に水を入れて加熱する。グラニュー糖でもかなり不純物が出る。手前の容器の上に布を被せて、卵に吸着された不純物を漉す

写真２　上部の方の直径が下部より広いバケツ様の容器の大きさに合わせ、円形に編んだ竹の間に糸を吊す

写真３　糖液を入れてから一週間後、竹で編んだ上部にも、結晶が認められる

❸浮上してくる不純物を取り除く。
❹吹きこぼれそうになると、少量の水を加える。
❺布で漉し（写真１）、再び高温で加熱する。
❻小皿に入れた水に糖液を垂らし、取り上げるタイミングをみる。
❼上部と下部を円形に竹で編み、その間に沢山の糸を吊したもの（写真２）をバケツ様のスチール容器の中に入れ、その中に糖液を入れる。
❽一週間後、容器の上部竹編み部分にも、結晶が析出しているのが確認出来る（写真３）。
❾容器を傾け、非結晶部分の半透明な蜜を別の容器で受け入れる。

写真５　容器の内壁に析出した氷砂糖は、厚みがある。中央部は、糸の周りに細長く結晶が析出している

写真４　バケツ様の容器を逆さにして取り出し、ハンマーで砕く。氷砂糖の塊を容器の底、内壁にも結晶が析出しているのがわかる

写真７　一日日光に当てて乾かす

写真６　容器の内壁に析出した氷砂糖を、ハンマーでさらに砕く

❿容器から氷砂糖の塊を取り出し、ハンマーで割る（写真４）。
⓫容器の内壁部には分厚く、糸の部分は氷柱のように細長く結晶が成長している（写真５）。

⓬これらをそれぞれ砕く（写真６）。

⓭日光に一日当てて乾かす（写真７）。


出来上がった氷砂糖は乳白色でゴツゴツしている。ハンマーでなければ割れないほど堅い。材料とする砂糖のクオリティは違っても、何百年も前から砂糖生産地として名を馳せていたことが想像出来る光景が、まだベトナムにはあった。

二、中国の書物にみる氷砂糖の作り方

砂糖は、一度煮溶かして、自然冷却すると、糖液が接触しているところに再結晶していく性質がある。中国の書物から結晶が成長していく氷砂糖の作り方をみてみよう。

●中国の技術書『天工開物』にみる氷砂糖製法
中国の明時代の『天工開物』に氷砂糖の製法がどのように記されているかみてみよう。簡単な記述であるがまとめると、

❶土を乗せた逆円錐形の砂糖の上部から五寸ほどが特別に白くなっているので、その部分の白い砂糖（『天工開物』では「洋糖」といっている）を使用する。
❷その白い砂糖を煮詰めて、浮いたアクを卵白で取り去る。
❸火加減をみて、新しい青い竹を細長く割って、さらに寸断して糖液の中に撒き入れる。
❹一夜置いておくと天然の氷の塊のようになっている。

とあり、円錐形の砂糖で土を使って白くした砂糖を使うことと、糖液の洗浄のために卵を使用するという点でベトナムの事例と共通している。

◉十二世紀初頭に成立した中国最初のまとまった製糖書『糖霜譜』

時代は遡り、中国の北宋末から南宋初（十二世紀初頭）の頃に成立した王灼の最初のまとまった製糖書といわれる『糖霜譜』の中にも、ベトナムで見たような砂糖の結晶が成長して、氷砂糖になっていく様子が記されている。

では、結晶化させる様子をみてみよう。

❶サトウキビの刈り取りと煮詰め工程は、旧暦の十月〜十一月〔現在の暦よりも一カ月〜二カ月遅い〕にかけて行う。

❷濃縮糖液を竹べらを挿し込んだ甕の中に入れて結晶化を待つ。
❸甕の中に入れて二日後の甕の表面は粥状で、指に付けると細かい砂のようなものが見える。
❹そして、約二カ月後には小さな塊になり、または、竹べらの先に粟の穂のように連なることもある。次第に豆のように大きくなり、指の節のようになる。たいそう大きいものは、「小山」のようになることもある。
❺旧暦の五月には、結晶の成長は止まる。甕の中の非結晶の液体をくみ出し、結晶である「糖霜」を取り出して乾燥させる。竹べらの先に連なって出来た「団枝」は、切り取って太陽に曝して乾燥させ、甕の中に貯蔵する。また、甕の内壁に連なって出来た結晶「甕鑑」は、甕のまま日光に数日曝し、乾燥してから鉄のスコップのようなもので、徐々に数片に分けて取り出す。

同じ甕の中に出来た「糖霜」にも、いろいろな種類があった。「小山」のように結晶したものが一番よく、次が「団枝」、その次が、甕の内壁にこびりついていた「甕鑑」、さらに次が小さな塊の「小顆塊」、最低は「沙脚」といわれるものだった。

ベトナムの作り方と比較すると、ベトナムは糸であったが、『糖霜譜』では竹べらで、そこに連なって出来る結晶という点と、容器の内壁にも結晶が出来るという点が共通している。また、細かな塊やそれよりも細かな砂状の砂糖も出来てしまうことも詳しく記している。『糖霜譜』は、一つの甕の中で、いろいろな種類と大きさの氷砂糖が出来ている様を現代に伝えてくれているのだ。

砂糖の技術は、海を越えて、そして時空を超えて伝承されている。

◉現在の日本のミルでの氷砂糖製造法

現在のミルでの氷砂糖には、グラニュー糖をそのまま大きくしたような正方形状の立方体のクリスタル氷糖とベトナムでみたような自然結晶法といわれるロック氷糖の二種類がある。

どちらもグラニュー糖を材料にし、グラニュー糖を溶かした砂糖溶液をまず作る。

クリスタル氷糖は、核となる小さな氷糖を網目状のドラムに入れて回転させながら砂糖溶液の中をくぐらせて結晶を成長させる。大きさも均一で三～四日ほどで出来上がるので大量生産に向いており、平成二十七年度の氷砂糖生産量の七二％を占めている。

一方、ロック氷糖は、ステンレスの浅い容器に砂糖溶液を入れ、核となる種を入れて、五〇～六〇度に保たれた室に二週間保管して結晶を成長させる。

ベトナムの製法は、自然結晶化させるロック氷糖の伝統的な製法といえる。

氷砂糖に限っていえば、結晶を大きく成長させるという、基本となる製造原理は変わっていないといってもいいのではないだろうか。

氷砂糖のハードさは、高級感のみならず、どこか凛としていて、砂糖の宝石というのがふさわしいと思った。

◉二〇一七年の旅を終えて

第三部では、一八年前に採録した、ベトナムにおける伝統的な糖蜜、含蜜糖、分蜜糖、氷砂糖の砂糖生産を紹介してきた。

二〇一七年二月末から三月初旬にかけてのベトナム再訪は、一八年前の記憶をたどると共に江戸時代にタイムスリップした感覚をも持った旅だった。

日本とベトナムの親交は、江戸時代初期に、徳川家康がベトナム中部の阮氏に国書を送って国交を樹立させたことが大きい。ベトナムからの献上品の中に、「白蜜」と「氷糖」があり、「白蜜」は、氷砂糖を作った後に残る半透明の蜜ではないかと考えた。「氷糖」は氷砂糖のことで、江戸時代にベトナムに漂着した日本人も見ていたものと同じであろう。献上品の中に白砂糖と黒砂糖がなく、「白蜜」と「氷糖」があるのは、「白蜜」と「氷糖」はまだ珍しく貴重であったことを示している。

一九九九年、氷砂糖はすでにグラニュー糖から作られていて、二〇一七年再訪時も同様であった。その作り方は、中国の製糖書『糖霜譜』に源流を求めることが出来る、自然結晶化させるものだった。

黒砂糖は、江戸時代、『和漢三才図会』にベトナム中部である交趾のものが一番であると評され、「毬糖」という球状の砂糖のことも記されていた。一八年前に半円球状の黒砂糖をホイアンの市場で見つけたとき、これを二つ合わせると球状になるので、これこそが『和漢三才図会』が記す「毬糖」のことではないかと思った。

半円球状の分蜜しないドン・バは、一八年前はサトウキビのジュースを煮詰めて固めた「黒砂糖」

であったが、ホイアン市場再訪時には、グラニュー糖から作る「加工品」もあり、色もオレンジ色のグラニュー糖から作るのもあり、驚いた。

　さて、本書の最大のテーマである土を使って砂糖を白くする方法――。

　一八年前に、『物類品隲』や『天工開物』に描かれているのと同様の、素焼きの容器や、円錐形の砂糖をクアンガイ省の市場で見つけた。このときの興奮は忘れられない。

　そして、研究者が、もはや見ることが出来ないと言っていた土を使って砂糖を白くするという古法「覆土法」を実際にこの目で見ることが出来たのだった。

　砂糖製法書などの史料の中の世界が、まるで映画化されたようだった。

　このときから、砂糖の中でも砂糖を白くする方法である分蜜法の歴史に、私のテーマが絞られていくことになった。


　サトウキビのジュースを煮詰めて作る糖蜜や、円錐形の砂糖ドン・ムン作りは、クアンガイ省地区の四輪車が入れずミルにサトウキビを売ることが出来ない農家の生計を支えていたことも知った。伝統的な砂糖には、窺い知れぬ実情もあったのである。

　一八年ぶりに砂糖生産地として名高いクアンガイ市場を訪れた。私が心躍らせた円錐形の砂糖は、バケツ様の物で作られて売られていた。しかも、グラニュー糖を「材料」にして、糖蜜を加えて煮溶かし、バケツ様の容器に入れて再結晶をさせ、重力で結晶の周りに存在している黒い蜜を滴り落とすというものだった。かつての円錐形の砂糖ドン・ムンに形状と色そして、食感を似せていることにこだわりが見られる。

円錐形の砂糖ドン・ムンを、現在サトウキビ農家がサトウキビから作っているところはないという市場関係者の話であった。市場で売られているのは、市場関係者が自宅で作ったものである。

時代の波は、伝統的砂糖産業を直撃した。

かつて、調査させていただいた農家を訪ねると、サトウキビの栽培をやめていたが、経済発展があったので農家も潤っていることが実感出来、嬉しかった。

グラニュー糖から作るという知恵、「加工品」であっても、伝統食品には変わりはないと、ベトナムから教わった。

あとがき

砂糖を白くするのに土を使う？

砂糖を歴史的古法で白くする方法について長らく研究してきた。

まず、砂糖の名誉のために記すと、「砂糖は漂白剤で白くしている」と思っている人もいるようだが、全くの誤解だ。また、「砂糖は茶色い方がいい」と言う人もいる。確かに白砂糖に比べてミネラル分は含まれているが、それは微々たるものなので、他の食材でミネラル分を摂った方がいいということも付け加えたい。

さて、私たちにとって身近な砂糖。

古くから世界商品であり、その歴史は限りなく深い。

本書では、伝統的な砂糖生産法の現在、そして過去を扱った。

その歴史の中でも「砂糖を白くする方法」を主に取り上げた。

二〇〇六年、コロンブスがアメリカ大陸で初めてサトウキビを植えた地であるドミニカ共和国で、コロンブス没後五百年を記念して砂糖の国際シンポジウムが開催され、私も Dr. Alberto Vieira の推薦によって招聘された。その際に、ベトナムの事例の土を使って砂糖を白くするclayingすなわち「覆土法」と、日本の和三盆技術の「加圧法」を紹介した。和三盆を持っていったところ、そのキメの細やかさが賞賛されたと共に、手作業で揉んで「加圧法」で砂糖を白くしていく方法は、とてもユニークだと評された。海外の研究者にとって「覆土法」は文献の中で知ってはいても、「加圧法」は初めて見る分蜜法であったのである。

カリブ海の島で、伝統的な技術を保持している和三盆を紹介出来たことは、日本人として嬉しいことだった。

本書には、ドミニカ共和国やマデイラ島、インド、バングラデシュなどの海外の砂糖生産については所収していないが、『砂糖類情報』『砂糖・でん粉類情報』（独立行政法人 農畜産業振興機構）にはすでに書いている。ネットでも見ることが出来るので参照していただけると、海を越えた砂糖生産をより実感していただけると思う。

私がベトナムと出合ったのは、昭和女子大学大学院に入学したことによる。

一九九八年、昭和女子大学の博士課程に進学した私は、日本人町を考古学の視点から研究されている国際文化研究所副所長の菊池誠一先生と阿部百里子氏のベトナムの調査に参加させていただく機会を得て、独自に伝統的な砂糖生産の民族調査を展開出来た。

一九九九年には、同研究所所長の友田博通先生の指導のもと、ベトナム中部のホイアン市の町並み保存の一環で貿易博物館のプランをさせていただいたことで、貿易商品であった砂糖へも想いが広がった。そして、この渡越が、土を使って砂糖を白くする「覆土法」の実見につながった。ベトナム訪問に際しては、国際文化研究所のマーク・チャン先生、鈴木弘三氏、安藤勝洋氏、ベトナムでの通訳として、Mr. Le Co, Ms. Bao Vy Huynh にお世話になった。

本書の第二部二章と三章の多くの節は、二〇〇四年度に昭和女子大学に提出した博士論文「江戸時代の白砂糖生産法―「覆土法」を中心に―」が元になっている（『江戸時代の白砂糖生産法』八坂書房）。博士論文の作成で主査をしていただいた昭和女子大学名誉学長の平井聖先生、副査をしていただいた木村修一先生、大沢眞澄先生、スチュアート・ヘンリ先生、故石川松太郎先生に改めて謝意を表します。

また、本書は、独立行政法人 農畜産業振興機構に連載させていただいた記事を元に構成しています。連載の機会を与えてくださり、原稿チェックの労を取っていただいた、調査情報部の皆様に御礼申し上げます。

さらに一九年前のベトナム調査時の録音テープと取材ノートを整理してくれた姪の藤尾祐紀子、本書作成の原稿チェックをしていただいた、辻慶氏、重光純氏、「現在のベトナムを知りたくないですか？」とアドバイスをいただき、前書からお世話になっている八坂書房の三宅郁子氏に謝意を表したいと思います。

二〇一八年二月二十七日

荒尾美代

●初出一覧

［第一部］

第一章

内外の伝統的な砂糖製造法（1）伝統技術の中に「歴史」をみる！『砂糖類情報』二〇一一年三月号

第二章

内外の伝統的な砂糖製造法（2）日本の砂糖の歴史が変わった⁉『砂糖類情報』二〇一一年八月号

内外の伝統的な砂糖製造法（3）奄美大島黒糖製造『砂糖類情報』二〇一一年九月号

［第二部］

第一章一節

内外の伝統的な砂糖製造法（6）日本が輸入したアジア生産の砂糖『砂糖類情報』二〇一一年一二月号

第一章二節

内外の伝統的な砂糖製造法（13）江戸時代の朱印船貿易、そして現代のベトナム『砂糖類情報』二〇一二年七月号

第一章三節

内外の伝統的な砂糖製造法（7）吉宗時代に幕府が入手した中国の製法『砂糖類情報』二〇一二年一月号

第二章一節

内外の伝統的な砂糖製造法（4）吉宗の国産化政策と薩摩藩のさとうきび『砂糖類情報』二〇一一年一〇月号

第二章二節

内外の伝統的な砂糖製造法（5）吉宗時代のさとうきびのその後『砂糖類情報』二〇一一年一一月号

第二章三節

内外の伝統的な砂糖製造法（9）幕府の役人も伝授を受けた長府藩の砂糖製法『砂糖類情報』二〇一二年三月号

第二章四節

内外の伝統的な砂糖製造法（10）砂糖生産先進地、宝暦年間に尾張藩へ伝えられた製法『砂糖類情報』二〇一二年四月号

第二章五節

内外の伝統的な砂糖製造法（11）宝暦年間、本草学者による砂糖製造法の研究『砂糖類情報』二〇一二年五月号

第二章六節
内外の伝統的な砂糖製造法（12）「産官学」のコラボレーション、明和から寛政年間の砂糖製造法『砂糖類情報』二〇一二年六月号
第三章一節
内外の伝統的な砂糖製造法（12）「産官学」のコラボレーション、明和から寛政年間の砂糖製造法『砂糖類情報』二〇一二年六月号
第三章二節
内外の伝統的な砂糖製造法（20）日本の伝統技術にみる「覆土法」から「加圧法」へ日本人の砂糖の嗜好『砂糖類・でん粉情報』二〇一三年二月号
第三章三節
『江戸時代の白砂糖生産法』八坂書房、二〇一七年
第三章四節
内外の伝統的な砂糖製造法（20）日本の伝統技術にみる「覆土法」から「加圧法」へ日本人の砂糖の嗜好『砂糖類・でん粉情報』二〇一三年二月号

［第三部］

第一章
ベトナムの伝統的な砂糖生産を訪ねて（その1）失われつつあるベトナムの糖蜜『砂糖類・でん粉情報』二〇一七年五月号
第二章
ベトナムの伝統的な砂糖生産を訪ねて（その2）グラニュー糖から作る含蜜糖とサトウキビから作る含蜜糖『砂糖類・でん粉情報』二〇一七年六月号
第三章
ベトナムの伝統的な砂糖生産を訪ねて（その3）土を使って砂糖の色素を除去する古法「覆土法」『砂糖類・でん粉情報』二〇一七年七月号
第四章
内外の伝統的な砂糖製造法（13）江戸時代の朱印船貿易、そして現代のベトナム『砂糖類情報』二〇一二年七月号
内外の伝統的な砂糖製造法（8）幕府が入手した中国の砂糖製造法の書物『砂糖類情報』二〇一二年二月号

●引用史料と主な参考文献

全般的な参考文献

樋口弘『日本糖業史』内外経済社、一九五六年
桂真幸『讃岐及び周辺地域の砂糖製造用具と砂糖しめ小屋・釜屋』四国民家博物館、一九八七年
植村正治『日本製糖技術史一七〇〇～一九〇〇』清文堂、一九九八年
谷口學『続砂糖の歴史物語』信陽堂印刷、一九九九年
松浦豊敏『風と甕』葦書房、一九八七年
戴国煇『中国甘蔗糖業の展開』アジア経済研究所、一九六七年
荒尾美代『江戸時代の白砂糖生産法』八坂書房、二〇一七年
Noel Deerr, The History of Sugar, Vol. 1（London : Chapman & Hal）一九四九年
Sidney W, Mintz, Sweetness and Power（New York : Penguin Books）一九八五年
Christian Daniels, "Agro-industries and Sugarcane Technology", Joseph Needhm.（ed）. Science and Civilisation in China, Vol. 6,III（Cambridge: Cambridge University Press）一九九六年

はじめに

安藤更生譯『唐大和上東征伝』唐招提寺、一九六四年
正倉院事務所編『正倉院寶物二 北倉II』毎日新聞社、一九九六年
翁其銀著・和田正広校閲「正倉院薬物の名称についての考察（二）」『社会文化研究所紀要』四三号、一九九九年
佐藤次高『砂糖のイスラーム生活史』岩波書店、二〇〇八年
石川寛子「中世後期・近世初頭における食生活に関する一考察」『淑徳短期大学学報』第四号、一九六四年
『続群書類従・補遺三 お湯殿の上の日記（六）』続群書類従完成会、一九八〇年
『続群書類従・補遺三 お湯殿の上の日記（七）』続群書類従完成会、一九八〇年

［第一部］
第一章
岡田廣一『阿波和三盆糖考』一九四七年
『徳島県史』第四巻、徳島県、一九六五年
市原輝士「讃岐の砂糖」地方史研究協議会編『日本産業史大系七 中国四国篇』東京大学出版会、一九六〇年
徳島県教育委員会『徳島県文化財基礎調査報告・第六集 阿波和三盆糖』徳島県教育委員会、一九八三年
立石恵嗣・小笠泰史・佐藤正志「阿波の糖業史」『徳島の研究 第五巻 近世・近代篇』清文堂出版、一九八三年
岡光夫「砂糖」『講座・日本技術の社会史 第一巻』日本評論社、一九八三年

第二章
『大和村誌』大和村、二〇一〇年
『大和村の近世』大和村、二〇〇六年
所崎平「糖業創始、慶長年間説への疑問」『奄美郷土研究会報』第八号、一九六六年
弓削政己「近世奄美諸島の砂糖専売制の仕組みと島民の諸相」『和菓子』第一八号、二〇一一年
吉満義志信『徳之島事情』一九一七年
名越左源太『大嶋竊覧・大嶋便覧・大嶋漫筆』
福岡大学研究所編「喜界島代官記」『道之島代官記集成』福岡大学研究所、一九六九年
『大阪市史 第一』清文堂、一九七八年
渡辺信一郎『江戸川柳飲食事典』東京堂出版、一九九六年

［第二部］
第一章一節
西川如見『増補 華夷通商考』一七〇八年
寺島良安『和漢三才図会』国立国会図書館所蔵、一七一五年

中村質『近世長崎貿易史の研究』吉川弘文館、一九八八年
永積洋子『唐船輸出入品数量一覧・一六三七—一八三三年：復元唐船貨物改帳・帰帆荷物買渡帳』創文社、一九八七年
大庭脩『享保時代の日中関係資料　一』関西大学東西学術研究所、一九八六年
山脇悌二郎『長崎の唐人貿易』吉川弘文館、一九六四年
日蘭学会編『洋学史事典』雄松堂出版、一九八四年

第一章二節

『通航一覧』第四、国書刊行会、一九一三年
『安南記』神宮徴古館所蔵
『安南貿易 伊勢角屋家資料展』神宮徴古館、一九八二年
大西源一校訂『角屋関係文書集』神宮徴古館、一九五八年
桜井祐吉『安南貿易家角屋七郎兵衛』桜井祐吉、一九二九年
『華夷變態（上冊）』東洋文庫、一九五八年
菊池誠一・橋本唯「江戸時代のベトナム・ホイアン漂着事例—「安南国漂流記」（写本）の紹介—」『新田栄治先生退職記念東南アジア考古学論集』二〇一四年
永積洋子『唐船輸出入品数量一覧・一六三七—一八三三年：復元唐船貨物改帳・帰帆荷物買渡帳』創文社、一九八七年

第一章三節

『通航一覧』第六、国書刊行会、一九一三年
『華夷變態（下冊）』東洋文庫、一九五九年
大庭脩編『唐船進港回棹・島原本唐人風説書・割符留帳』關西大學東西學研究所、一九七四年
大庭脩編著『享保時代の日中關係資料　一』關西大學東西學研究所、一九八六年
宮下安『唐通事家系論攷』長崎文献社、一九七九年
貝原益軒『花譜』香山益彦編、京都園藝俱樂部、一九三七年

宋應星『天工開物』和刻本、国立国会図書館所蔵
松宮俊仍『和漢寄文』国立公文書館所蔵
片桐一男「阿蘭陀通詞に対する家学試験の実施」、『洋学史研究』第二一号、洋学史研究会編、二〇〇四年

第二章一節

「薩陽過去牒」『鹿児島県資料集（一四）』鹿児島県立図書館、一九四四年
源政武『仰高録』国立公文書館所蔵
田村元雄『琉球産物志』国立公文書館所蔵、一七七〇年
上田三平、三浦三郎編『日本薬園史の研究』渡辺書店、一九七二年
安田健『江戸諸国産物帳 丹羽正伯の人と仕事』晶文社、一九八七年
『御預ケ御薬草木書付控』国立国会図書館・白井文庫所蔵
上野益三「博物学の基盤—諸国産物調査」『享保元文諸国産物帳集成』第六五巻、科学書院、一九八九年

第二章二節

『大成令』国立公文書館所蔵（請求記号：二六五—二七八）
磯野直秀『日本博物誌総合年表』平凡社、二〇一二年
野高宏之「和薬改会所—幕府の薬種政策と薬種商の対応—」『大阪の歴史』第六〇号、二〇〇二年
「仲間最初書乾」道修町くすり博物館所蔵
国史大系 第四六巻『徳川実紀 第九篇』吉川弘文館、二〇〇三年
丹羽正伯『九淵遺珠』西尾市岩瀬文庫および武田科学振興財団・杏雨書屋所蔵
『撰要類集』国立公文書館所蔵（請求記号：一八〇—〇〇五六）
『江戸買物独案内』国立公文書館所蔵

第二章三節

『長府御領砂糖製作一件』山口県文書館所蔵

荒尾美代「宝暦年間（一七五一—一七六三）における長府藩の砂糖生産—「覆土法」を中心にして—」『化学史研究』第三〇巻第四号、二〇〇三年
石田哲朗『エクセル地盤工学入門』インデックス出版、二〇〇三年
A・A・ロージェ『土壌と水』山崎不二夫監訳、東京大学出版会、一九六三年

第二章四節

「職人ノ四」『藩士名寄　一三七』名古屋市蓬左文庫所蔵
「糖製秘訣」『砂糖製法秘訣』所収、川崎市市民ミュージアム・池上家文書所蔵
『尾州御小納戸日記』徳川林政史研究所所蔵（請求記号：尾二—一一）
荒尾美代「尾張藩における宝暦年間（一七五一—一七六三）の白砂糖生産—史料「糖製秘訣」の原作者をめぐって—」『科学史研究』第四五巻No二三九、二〇〇六年
「甘蔗記」『砂糖集説』所収、国立国会図書館所蔵
小野重仔『嚶鳴館詩集』朝日新聞名古屋本社編集製作センター製作、大日本印刷、一九九〇年
篠田嘉夫「尾張藩と製糖事業」『郷土文化』第五三巻第二号、名古屋市郷土文化会、一九九八年
早川佳宏「知多歴史トピックス（2）知多は白砂糖の製糖発祥の地か」『郷土文化』第五三巻第二号、名古屋市郷土文化会、一九九八年
『禮物軌式 秋』徳川林政史研究所蔵（請求記号：一四八—五九）

第二章五節

田村元雄鑑定・平賀源内編輯『物類品隲』国立国会図書館所蔵
杉本つとむ翻刻・解説『物類品隲』八坂書房、一九七二年
『甘蔗製造伝』武田科学振興財団・杏雨書屋および東京都立中央図書館・加賀文庫所蔵
栗野麻子「平賀源内と東都薬品会—本草学のネットワーク—」『史泉』第一一二号、二〇一〇年
荒尾美代「田村元雄（一七一八—一七七六）の白砂糖生産法—「覆土法」を中心にして—」『化学史研究』第三一巻第四号、二〇〇四年
平瀬徹斎撰『日本山海名物図会』巻之二、国立国会図書館

「田村傳」川崎市市民ミュージアム所蔵・池上家文書『砂糖製法秘訣』「秘傳三章」所収
「霜糖玄雄製し立たる法」川崎市市民ミュージアム所蔵・池上家文書
和刻本『閩書南産志』静嘉堂文庫所蔵、一七五一年
「南産志」『閩書』巻一五一、崇禎四序刊本、国立国会図書館所蔵
木村又助『砂糖製作記』一七九七年

第二章六節

『和製砂糖之儀ニ付書留　壱』池上家文書、川崎市市民ミュージアム所蔵
『和製砂糖諸用留　弐』池上家文書、川崎市市民ミュージアム所蔵
『糖製手扣帳』池上家文書、川崎市市民ミュージアム所蔵
川崎市市民ミュージアム編『池上家文書（三）』川崎市市民ミュージアム、一九九八年
仙石鶴義「和製砂糖開産史の研究―池上幸豊の精糖法伝法を中心に―」『法政史学』第四三号、一九九一年
望月一樹「池上幸豊と近世砂糖生産（一）」『川崎市民ミュージアム紀要』第一四集、二〇〇二年
荒尾美代「明和から天明年間における池上太郎左衛門幸豊の白砂糖生産法―精製技術「分蜜法」を中心にして―」『風俗史学』第二八巻、二〇〇四年
荒尾美代「寛政年間における池上太郎左衛門幸豊の白砂糖生産法―精製技術「分蜜法」を中心にして―」『科学史研究』第四四巻No二三三、二〇〇五年

第三章一節

木村又助『砂糖製作記』一七九七年
『御触書天保集成下』岩波書店、一九四一年

第三章二節

『泉南市文化財年報』No1、一九九五年

大蔵永常『甘蔗大成』武田科学振興財団・杏雨書屋所蔵

第三章三節

岡俊二「解題」『日本農書全集61　農法普及1　讃岐砂糖製法聞書他』農山漁村文化協会、一九九四年
『砂糖製法聞書全』ケンショク「食」資料室所蔵
『砂糖の製法扣』ケンショク「食」資料室所蔵
『甘蔗作り方砂糖製法口傳書』東北大学附属図書館・狩野文庫所蔵
『甘蔗作り方全』国立国会図書館・白井文庫所蔵
『教草』一八七三年
織田顕次郎「日本砂糖製造之記」『東京化学會誌』第一帙、一八八〇年
荒尾美代「「和三盆」技術の成立時期に関する研究―享和元年（一八〇一）、荒木佐兵衛の史料を中心にして―」『食文化研究』第一巻、二〇〇五年

第三章四節

岩生成一「江戸時代の砂糖貿易について」『日本学士院紀要』第三一巻第一号、一九七三年
岡美穂子「近世初期の南蛮貿易の輸出入品について―セビーリャ・インド文書館所蔵史料の分析から」『東京大学史料編纂所研究紀要』第一八号、二〇〇八年
八百啓介「十八世紀出島オランダ商館の砂糖貿易」『近世オランダ貿易と鎖国』一九九八年
精糖工業会「お砂糖豆知識「砂糖のあれこれ」」『砂糖類情報』二〇〇〇年一月号
河田昌子「お菓子の世界における砂糖の役割」『砂糖類情報』二〇〇一年六月号

［第三部］

第一章一節

農畜産業振興機構・調査情報部調査課「ベトナム砂糖産業の概要について」『砂糖類情報』二〇〇八年六月号

農畜産業振興機構・調査情報部・上田彩「ベトナムの砂糖事情」『砂糖・でん粉類情報』、二〇一三年十月号

第一章二節

西川如見『増補 華夷通商考』一七〇八年

第一章三節

『通航一覧』第四、国書刊行会、一九一三年
ファン・ダイ・ゾアン「ホイアンとダンチョン」日本ベトナム研究会編『海のシルクロードとベトナム』穂高書店、一九九三年

第一章四節

荒尾美代「ベトナム中部の砂糖生産形態—アジア地域における砂糖生産の原初形態を探る—」『昭和女子大学文化史研究』三、一九九九年

第二章一節

『和漢三才図会』国立国会図書館

第三章二節

荒尾美代「ベトナム中部における白砂糖生産法—一七、八世紀における中国・日本の製糖との比較研究—」『昭和女子大学文化史研究』四、二〇〇〇年

第三章三〜五節

荒尾美代「ベトナム中部における伝統的な白砂糖生産について—「覆土法」を中心に」日本産業技術史学会編『技術と文明』Vol. 14、No 1、二〇〇三年

第四章二節

王灼『糖霜譜』
宋應星『天工開物』静嘉堂文庫所蔵
農畜産業振興機構・特産調整部「氷砂糖のあれこれ」『alic』、二〇一七年五月号

[著者紹介]
荒尾美代（あらお　みよ）

東京都生まれ。青山学院大学文学部教育学科卒、昭和女子大学大学院生活機構研究科生活機構学専攻　博士課程満期退学。博士(学術)
昭和女子大学国際文化研究所　客員研究員。
南蛮文化(料理・菓子)研究家

主な著書：
『江戸時代の白砂糖生産法』(八坂書房)
『南蛮スペイン・ポルトガル料理のふしぎ探検』(日本テレビ放送網)
『ポルトガルを食べる。』(毎日新聞社)
『ポルトガルへ行きたい』共著(新潮社)
『砂糖の文化誌』共著(八坂書房)

日本の砂糖近世史　土を使って白くする！ 製造の秘法を求めて

2018年 3月23日　初版第1刷発行

著　者　荒　尾　美　代
発行者　八　坂　立　人
印刷・製本　シナノ書籍印刷(株)

発行所　(株)八　坂　書　房
〒101-0064　東京都千代田区神田猿楽町1-4-11
TEL.03-3293-7975　FAX.03-3293-7977
URL. http://www.yasakashobo.co.jp

ISBN 978-4-89694-247-7